JN027722

上：堆肥工場全景　下：完熟堆肥散布後の根の張りの状況　2006年8月19日撮影

大分県のパシフィックブルー CCの10番ティーグラウンド。4月17日撮影。コウライ芝がすり切れでなくなったが、張り替えずに、穴をあけて完熟堆肥を100g/㎡全面散布した。その後、6月と7月にとくにすり切れのひどい所に500g/㎡完熟堆肥を部分散布した。

6月から週２回刈り込みを実施してプレーに使用した。8月26日撮影

あるゴルフ場のグリーン。原因は不明だが、7月頃からベント芝の元気がなかったのでアミノ酸を週2回散布したら8月になってベント芝にダメージが発生。8月下旬に穴あけをしてベント芝の種をまいて、完熟堆肥を散布した。9月13日撮影

10月には使える状態に回復した。10月11日撮影

低コストと省力化を実現する

ゴルフ場芝生
管理革命

鹿沼化成工業株式会社　代表取締役

武山信良

Takeyama Nobuyoshi

現代書林

推薦の言葉

神奈川県グリーンキーパーズ協議会会長、湘南カントリークラブ所属　重田浩司

私が武山さんを知ったのは、約一五年前で、お会いした当初は耳を疑うキーワードで、熱弁を振るわれる変なオヤジと思っていました。

例としては、「ベントグリーンの管理はそれほどむずかしいものではない」「散水は夜中や早朝にやらなくてよい」、そして究極は、「硝酸態チッソはベント芝にとっていちばんよくない、なぜなら夏にベント芝が落ち込むのは、ピシウム菌によるものではなく、多くはよかれと与えたチッソの硝酸化によるものだからである」で、私が先輩キーパーからつちかったものとは真逆なことを力説されました。

しかし、本書を読むと、しっかりした理論のうえに立って話されていることがよくわかります。

われわれキーパーは、ひょっとしたら間違ったことを先輩キーパーから受け継いできてしまったのかもしれません。

そうなると、これはぜひ検証してみたくなるのがコース管理者です。

いきなり本グリーンでのテストはむずかしいと思いますので、まずは練習グリーンを使ってぜひ試していただきたいと思います。

最後に、気象条件や土壌条件が悪くても、それに耐えうる芝生管理法を確立することがわれわれの務めです。

ついては、キーパーの存在価値を認めてもらえるよう、本書を参考に安定したグリーンコンディションの維持をみなさまと一緒に目指していきたいと思います。

推薦の言葉

ゴルフ科学研究所 主宰　佐久間 馨

武山先生と初めてお目にかかったのは、いまから二〇年以上前、まだ私が機械のエンジニアでアマチュアのプレーヤーだったころ、コースの芝生管理のことなどまったく知らないときのことです。

当時、グリーンのコンディション（固さとスピード）は、コースや季節によって違っていて、常にいい状態がキープできないことがふつうでした。コース、季節によってコンディションが違うのがあたりまえだったのです。

けれども、試合になると多くの場合、グリーンの状態がすごくよくなっているのです。通常営業のときでも、いつもこのような状態がキープできればいいのにな～と思っていました。

なぜ、できないのだろうか？

いろいろな人に聞いてみましたが、それは無理だよ、試合のときは、短く刈り込みグリーンをいじめているんだから、いつも刈り込んだ状態だと芝がもたないよと。

なるほどと当時は納得したのですが、あるとき武山先生に同じ質問をしたところ、「必ず方法はあるはず」と即答されました。

あきらめたらそこでおしまい。

武山先生いわく、常識となっている管理方法に問題があるとのことでした。今の管理方法は農薬づけ、栄養過多で、かえって芝生を弱くしている可能性がある。農薬も肥料も大切だが、それを過剰に使ってしまうと芝生本来の生命力がなくなってしまうとのことでした。

私のゴルフレッスンも、プレーヤー自身のゴルフ力をあげるように仕向けています。自分で技術を広げられるように、基本となる原理や方法を教え、情報の過剰提供は控えています。

また、常にもっといい方法があると信じて、試行錯誤をくりかえすことを教えています。

世の中に広まっている常識が必ずしも正しいとは限りません。

じっくりと現実を見つめ、仮説をたてて、実証する。

それが「科学する」ということです。そんな活動をずっとしていた私は、武山先生の考え方が同じだったので、先生の話にとても共感したのを覚えています。

くわしいことはわかりませんが、そんな先生が研究・開発された「完熟堆肥」をゴルフコースの管理にうまく組み込むことで、武山メソッドは、一年中いいコンディションの芝を保つことができる救世主になると思います。

芽がつまった濃い緑色のグリーンは確かにきれいですが、ゴルフプレーにおいて、もっともスリリングなパッティングが楽しめるクオリティーとは関係がありません。むしろ、芽数が少なく、色も少しうす茶けたグリーンのほうが、コンディションは良いと思います。夏場でも、短く刈り込める強い芝が作れたら、そのゴルフ場のおもしろさは何倍にも膨らむはずです。

武山先生のメソッドもまだ完璧ではないかもしれません。毎年のように、異常気象に見舞われる夏のゴルフ場の環境は過酷で、管理手法の確立はまだまだ発展途上といえるでしょう。

しかし、真実を追求する道しるべ、ヒントにはなると思います。私が行なっているゴルフレッスンも決して完成形はないと思っています。だから日夜研究を続けているのです。うまくいかなければ、原因をとことん追究し、新しいことを試しているのです。

私の座右の銘は、「成功するまでちがうことをやり続ける！」です。

本書には、武山先生の長年の経験と研究、そして科学者としての独特の目から生まれたノウハウがたくさん書かれています。みなさんにとって今後の研究のヒントになると信じています。

しかし、決してこの本に書いてあることをうのみにして、信じてはいけません。でも、確かめずに疑ってもいけません。ぜひご自分で確かめてみてください。確かめたうえで、自分で信じられれば自信が生まれます。

本書と出会ったグリーンキーパーのみなさま、ゴルフ場オーナーのみなさま、現状に満足することなく、より一層コースコンディション、クオリティーを高めるためにちがうことにトライし続けていただきたいと願っています。

はじめに

昔、あるゴルフ場のキーパーが亡くなりました。グリーンの芝を枯らせてしまって、支配人やオーナーから叱責されて悩んだ末の自殺でした。

なんとベント芝の管理に失敗しただけで尊い人命を落とす結果になったのです。責任感の強いキーパーだったと、あとになって聞きました。

これはなんとかしなければならない――ゴルフ場業界との取引をしていた私がこのことでより一層、芝の研究に進むきっかけになりました。

私はもともと金属工学のエンジニアです。九州大学工学部を出て古河電工に就職し、古河アルミニウムに出向、技術部門で働いた後、退職しました。

その後、堆肥を製造する会社を立ち上げ、堆肥の研究をするようになりました。

研究の過程で、食品工場の汚泥や街路樹を伐採した枝や葉、パルプ工場の樹皮、鶏ふんなど、当時、多くの業者が処理に困っていた材料を混ぜて堆肥を製造する仕事に取り組みました。

私がゴルフ場の業界に入るきっかけとなったのは、この「完熟堆肥」をゴルフ場と取り引きのあった商社が注目してくださったのが縁でした。

当時から私がつくっていた堆肥は、においがない、さらさらした黒土状の完熟堆肥でした。

ベテランのキーパーに「いい堆肥をつくったな」とほめられたときのよろこびは、いまも忘れられない生涯の財産となっています。

私がこの業界に入ってまもなく、先のキーパーさんのことがありました。

いまでは芝生の研究は、私のライフワークになってしまいました。

もともと私は冶金学を専攻した技術屋ですが、金属製品の研究においては「不良品をつくるな」が不文律です。

だから技術屋は、不良品ゼロを目指して日夜研究します。不良品を出すことは技術屋の恥とされ、現場で不良品が一つでも見つかると、どこでできたのか、何が原因か、どうすればそうならないかを徹底的に究明します。

私は、これと同じことをベント芝の管理でもできるはずだと考えました。

なぜ、赤焼病は発生したのか。

なぜ、根腐れは発生するのか。

なぜ、夏になると葉の色があせるのか。

本当にベント芝は夏の高温に弱いのか。

どうすれば、そうした病気や症状をおさえこむことができるのか——。

ちなみに私自身も昭和五〇年代にキーパーの経験を五年ほどしておりました。

そのときのゴルフ場のオーナーには東北大学出身の甥がいて、彼は私の後任のキーパーとなりました。

ある日彼が「ベント芝は夏になるとエネルギーが不足しているけれど、どう考えたらいいのですか」と疑問を投げてきました。

芝のエネルギーのことはそれまで考えたことがなかったので「ハッ」としました。それから光合成能力やチッソ同化作用について考えるようになりました。

そうしたところ、当時多くの芝生管理者は百人が百人違う管理のしかたをしていることに気づきました。

そこで私は芝生管理の標準化はできないものかと考えるようになりました。

しかし、当時の先輩キーパーたちはみな、「土壌条件が違うし、気象条件も違うから標準化はできない」といいました。

けれども、私は基本的なことは標準化できるだろうと考えました。

たとえば硝酸態チッソがいいのか、アンモニア態チッソがいいのか、本当に化成肥料でいいのか、土づくりを考えなくていいのか、不耕起（ふこうき）栽培を続けていいのかなどを考えることをしてみたら、標準化はできるのではないかということに気づきました。

さらに、ゴルフ場とはどういうことがいちばん大切で、それが何であるかということも考えるようになりました。

そこでみなさんへ質問です。

みなさんのゴルフ場は、アピールポイント、つまり「売り」は何ですか？

1　コースレイアウトですか？
2　従業員の親切ていねいなサービスですか？
3　クラブハウスの豪華さですか？
4　レストランの食事ですか？
5　それとも、「グリーンコンディションのすばらしさ」でしょうか？

グリーンコンディションを最後の設問にしたのには理由があります。

前の四つはそれぞれ誇れるものではあっても、たった一つ、グリーンコンディションが悪かったら、すべて無駄になると思いませんか？

どんなに戦略的なコースであっても、グリーンの芝がハゲてデコボコしていたら、プレーヤーは二度とそのコースに足を運ぼうとしないでしょう。

どんなにクラブハウスが豪華でも、どれだけ従業員のサービスがすばらしくても、あるいはレストランで一流ホテル並みの豪華な食事を出しても、グリーンの芝生が病気で地肌をむき出しにしていたら、メンバーはそんなコースに友人を連れて行きたいとは思わないでしょう。

病気でなくても雑草が入って転がりの悪いグリーンだったら、ゴルフのおもしろさ、醍醐味は半減します。

逆に、グリーンコンディションがいつでも、すばらしかったらどうなるでしょうか？ 千葉県には「オーガスタ並みのグリーンを目指す」をホームページにうたっているゴルフ場があります。

そのゴルフ場は、今日のゴルフ場経営が極めて厳しい環境下にあっても、平日土日を問わずほぼ満員の集客を誇り、かつ令和元年度の年次目標に「客単価を対前年比で一〇〇〇円上乗せする」ということを掲げています。

いいグリーンコンディションを実現し、オーガスタ並みのスリリングな高速グリーンでプレーできるということは、それだけで首都圏の腕自慢のゴルファーたちをひきつけてやまないのです。だからプレーフィーが他のコースより高くても集まってくるのです。

つまり、ゴルフ場の命は「グリーンコンディション」ということになるのです。

もちろんこれはあくまでも一例で、すべてのゴルフ場がオーガスタ並みのグリーンを目指す必要はないと思います。

しかし、コース管理にかけられる予算や人員が削減されている昨今でも、プレーの楽しさに通じるグリーンコンディションは及第点を維持しなければなりません。

本書では低予算・省力化を実現しながらもプレーヤーによろこばれる芝生づくりについて、グリーンキーパーも知らなかった、あるいは知っていたけれども実践できなかった目からウロコの芝生管理法「武山メソッド」を詳しく紹介します。

二〇二〇年六月

武山信良

ゴルフ場芝生管理革命／目次

第二章

ベント芝って、どんな芝？

第三章

低コストで省労力、芝がよろこぶ新しいベント芝の管理法

第四章

目からウロコ、土づくりを支える完熟堆肥

第五章

芝生管理のまとめ

終章 芝生管理の標準化について

付録　区分帯別施肥計画書

協力　ゴルフ科学研究所　佐久間馨
プロゴルファー　深澤　治
グリーンキーパー　鈴木達磨
カバーデザイン　吉崎広明（ベルソグラフィック）
カバー使用写真　RM PHOTOMASTER/shutterstock
本文DTP　NOAH
編集協力　高橋健二
小田明美

第一章

まったく新しいベントグリーンの夏越し方法

ベント芝管理のこれまでの常識を疑ってみよう

私は一九七六年から芝生管理に関わるようになり、それから約四五年がたちますが、毎年のように「今年は異常気象だ」という話を耳にしてきました。

私の記憶では気象条件が〝正常〟だった年は、この四五年間、一度もなかったように思います。しかし、そうした異常気象のもとでも、すべてのゴルフ場の芝生がダメになったわけではありません。

もっといえば、異常高温といっても、せいぜい平年より気温が一〜二度高かった程度ですし、異常長雨といっても例年より一週間ほど雨が降り続いたという程度にすぎません。**じつはその程度の天候のブレには、ベント芝はしっかり耐える能力をもっています。ですので、たとえば夏場の高温でベント芝がダメージを受けた場合は、夏までに施した管理手法に問題があったと私は考えます。**

異常高温という気象条件が問題なのではなく、高温に対する対策が不十分だったと考えるべきです。

本章では猛暑・長雨があたりまえの状況となっている日本の夏で、ベントグリーンの品質を維持するために必要な基本的な考え方についてお伝えします。

みなさんのゴルフ場では、ベント芝の夏越しを次のように管理していませんか？

(1)病気が出たら治りにくいから予防殺菌をしようと、毎週のように殺菌剤をまく。

(2)夏は高温で芝が弱っているからと、栄養剤や活性剤やアミノ酸などを投与して元気にさせようとする。

(3)乾燥害とドライスポットの対策として、芝生の表面に水が浮くくらい大量に散水する。

私が知る限り、多くのゴルフ場では、このような夏越しの対策をとっています。グリーンキーパー（以降「キーパー」と呼ばせていただきます）の多くは、真面目に真剣に仕事に取り組んでいます。

そういう真面目な人にとって、毎日面倒を見ているグリーンの芝生に病気や異常が出るのは、なによりもつらいことです。

だから必死になって、「ベント芝によい」といわれることは何でもやろうとします。

「病気が出たら治りにくいので予防殺菌をしよう」について

このやり方はおもに農薬の販売業者がキーパーにすすめる管理法です。病気でもないのに、事前に予防殺菌をする。人間でも、はしかやインフルエンザなどの予防注射を行なうのですから、予防殺菌は一見すると、とても芝生を大事に育てているように見受けられます。

しかし、殺菌剤と人間の予防接種はまったく異なるものです。人間の予防接種はワクチンを打つことで特定の病原菌やウイルスに対する免疫をつくるものですが、芝の殺菌剤はいまそこにある菌を殺すだけです。

じつは病原菌というものはどこの土壌中にでも、常に一定数存在しているもので、**芝生にも付着していますが、それだけでは発病しません。**

また、殺菌剤は狙った病原菌を完全ゼロにできるものでもありません。植物の病害は、もともとわずかに存在していた病原菌が**いくつかの条件が重なったときに一気に異常増殖して芝に感染し発病し、それから徐々に広がっていきます。**

つまり、病原菌が増殖していない段階で殺菌剤を使っても意味がないのですが、「この時期はこういう病気が出やすいから」という一般論を信じて、不必要な殺菌剤を気休めのように使っているというのがいま行なわれている予防殺菌の実態です。

念のために申しそえますが、私は殺菌剤などの農薬を否定するわけではありません。**病気の兆候が出たら農薬で対応するべき、**それを伝えたいのです。

殺菌剤などの農薬は病気の兆候が出てからでも十分間に合います。兆候を見逃さないためには、キーパーは毎朝、グリーンを見回りし、子細に観察することが大切なのです。

そういった手間を惜しんで病気の兆候が出てもいないのに、予防殺菌は必要ないといいたいのです。

多くのゴルフ場では、六月から九月にかけての気温の高い時期には、病気の兆候が出ていなくてもほぼ毎週一回、殺菌剤を散布しているようですが、これでは逆に**殺菌剤の散布によって土壌を荒らしてしまいます。**

土壌内にすむ病原菌以外のバクテリア（土壌微生物）をも殺し、植物の栽培においてもっとも大事な〝土づくり〟を台なしにしてしまっています。私は、その害悪を強く訴え、みなさんにも知っていただきたいのです。

予防殺菌は、逆に土壌を悪くしているのだとお考えください。

サプリメントや栄養剤・アミノ酸は、肥料ではないのか？

（2）の栄養剤や活性剤、アミノ酸の投与については、おもに肥料の販売業者がキーパーにすすめている管理法です。

ベント芝というものは寒地型の芝なので、高温に弱いというのが通説です。**ベント芝は高温になると葉がよじれて、葉の色があせて、見た目が弱々しい感じになりますので、高温で弱っていると思われがちです。**

しかし、**ベント芝は本来高温にも耐えられる芝なので、この状態は弱っていたり病気になっていたりという状態ではなく、ベント芝本来の自然な姿**なのです。

ところが業者はこれを無理やり元気にさせようと栄養剤や活性剤、アミノ酸などを投与することを強くすすめるわけです。

しかし、ほとんどの栄養剤や活性剤、アミノ酸には、チッソ成分を含んでいます。実態は肥料と変わりません。

だから**一時的には元気になったように見えても、じつのところは栄養過多となり、人間でいうところの肥満＝成人病予備軍になってしまうのです。**

芝生が生活習慣病予備軍になってしまうと、高温や長雨や水のやりすぎなど、ちょっとした環境の変化で病気にかかりやすくなります。

ベント芝は寒冷地の作物ですので、高温になると休眠して体力を温存し、気温が下がるまでじっとしていようと自助努力をしているだけなのですが、その自助努力をわざわざぶち壊しているのが、前述した**栄養資材の過剰投与**なのです。

また大事な大会前によくあることですが、一つか二つのグリーンがほかに比べて悪いときの処置として、キーパーは農薬や肥料の販売業者に相談することがあります。

業者は自分たちの殺菌剤を使ったらよいのではないかとか、栄養剤を使ったらどうですかとキーパーにアドバイスします。一方で、キーパーはそれにしたがったけれども、結果はますます悪くなって大切な大会までに回復することができないどころか、芝のはげた砂のグリーンを大会で使わざるを得なかったということがときどきあります。

この現象も過剰害の一つです。

こういったときは、**芝生の面に穴をあけて散水し、過剰な養分を流出させ、時間の経過を待つのが正しい管理のやり方**です。

ご存じのことかと思いますが、芝生に穴をあけることをエアレーションといい、ベント芝・コウライ芝などの種類を問わず、芝生の育成管理にとても大事な作業ですので、第三章であらためて詳しく説明します。

水のやりすぎは病気の感染を引き起こす

(3)の散水についても、同じことがいえます。

前述したように、**ベント芝は寒地型の芝です。**

一方、コウライ芝やティフトン芝は暖地型の芝に分類されます。昭和五〇年代、それまで大半のゴルフ場がコウライグリーンとベントグリーンの二グリーン制を採用していましたが、ベント芝の一グリーンが普及し始めました。

しかしその当時、農薬登録の法律が大きく変更され、芝生に使用できる農薬が限定されてしまうということが起こりました。結果、ベント芝にはさまざまな病気が出て、ベント芝のグリーンのみのゴルフ場は非常にむずかしい管理を強いられ、「日本にはやはりベント芝は向かないよ」という声が出たほどでした。

近年になってさまざまな農薬が新たに登録されて使用可能になったことや、品種改良の効果、日本人特有の勤勉さ、研究熱心さからベント芝の管理方法が進歩し、さらにキーパーの努力もあって、ベント芝の病気は激減しましたが、いまだに昔のイメージが受け継がれているのか、間違った常識が横行しているのも事実です。

その一つが散水についての知識です。

ベント芝は高温に弱いので水をまいて温度を下げてやるという発想は悪くないのですが、だからといって、グリーンの表面に水が浮くほど大量に散水するのは、いかにもやりすぎです。

ベント芝は大量に散水しなければならないほど高温に弱くありません。夏は休眠期で活発に活動していないだけです。あとで詳しく述べますが、ベント芝には、夏と冬の年に二回、「休眠期」があります。休眠期は、落葉樹でいえば、葉を落として成長をおさえ、安静にしている時期で、だから活発に活動していないのです。

ただし、水のやりすぎはよくないとはいっても適度な水やりは必要です。

ベント芝に限らず、植物の大敵は「乾燥」です。その乾燥を防ぐためには、グリーン表面に水が浮かない程度の最低限の散水は必要なのです。

逆にいえば、散水で必要なのはその程度の量です。

散布水量が少ないとドライスポットが治せないと考えているキーパーも多いと思います。

しかし、**ドライスポットの原因は、はっ水性の物質を分泌するバクテリアが増殖するためですので、バクテリアどうしの拮抗作用で治すのがいちばんの解決策です。**

さらに**透水性を維持しつつ保水力を高める作用をもつ資材も必要**です。

すなわち、バクテリアの多い「完熟堆肥」を毎月、一平方メートルあたり五〇グラムほど散布することで、ドライスポットの予防や治療はできます。

しかし、一般的にはドライスポットは「浸透剤」と呼ばれる界面活性剤がよく用いられています。

確かに砂が水をはじく状態になってしまった場合には応急処置として浸透剤を使うのはしかたがないですが、あまりにも頻繁に使うようであれば管理のやり方を見直したほうがよいと思います。

四月から九月まで半年間も継続的に浸透剤を使い続けて、ようやくドライスポットが出なくなったという苦労話を聞くことがあります。それだけ使えばドライスポットは出ないでしょうが、それを毎年続けるのは大きな手間やコストがかかりますし、なにより芝生の根や土壌を傷めます。

浸透剤の主成分は界面活性剤すなわち洗剤ですから、新根や土壌バクテリアに悪影響を及ぼすことは明白なのですが、ドライスポットで枯れるよりはマシとわりきっているのでしょう。

しかし芝生を健全に生育させる視点に立てば、なにごともやりすぎはいけません。

次に散水しすぎることによってベント芝をダメにしてしまう危険性について詳しく説明します。

グリーンの表土には「サッチ層」と呼ばれる層がありますが、このサッチ層とは、死んだ古い根、刈り取った芝の葉、枯れ落ちた芝の葉などが分解されない状態で芝生の床土の表層に堆積したものをいいます。ちなみにベント芝の根は、真夏と真冬の年に二回、古い根が死んで、新しい根が出ます。

このサッチ層には「柔らかく、芝生が踏まれてもクッションになって芝本体を傷めない」というメリットがある一方で、「通気性が悪くなる」「水はけが悪くなる」という大きなデメリットがあります。

グリーンに大量に水をまくとこのサッチ層に水が染み込み、空気がない状態（酸欠状態）となってしまいます。すると酸素を嫌う菌（嫌気性菌といいます）が増えていきます。

嫌気性菌は病気を引き起こしたり、サッチを腐敗させて有害なガスを出し、芝生の根を傷めたりするのです。

そうさせないためには、**土壌中に新鮮な空気を入れて、かつ腐敗で発生したガスを抜くためにエアレーションが必要になります。**

エアレーションには中空の刃で土ごと抜き取るコアリングと、棒状の刃を突き刺すムク刃（スパイクともいう）があります。またカッターで芝生に均等に切れ目を入れて根を切るスライシングやバーチカルカットもサッチを除去しますのでエアレーションと同様の効果があります。

エアレーションや根切りのことは「更新作業」ともいいます。

いずれにせよ、過剰な散水はベント芝にとって「百害あって一利なし」、即刻あらためるようおすすめします。

なお、くりかえしますが、私は、散水は全部ダメと申し上げているのではありません。**芝を乾燥させないよう、朝夕水が浮かない程度の散水は必要**です。

また**エアレーションのあとにはたっぷりと散水することが必要**です。

ところで夏場によく見られる現象ですが、**土壌には水分があるのに吸収してくれないと**

いうこともキーパー泣かせの問題です。この現象のことを「**ウェットウィルト**」といって、過湿（かしつ）により土壌表層が酸欠になり、根の活性が下がることから起こる現象で、根の活性を回復させる資材を投入すべきだという人がいます。

確かに水のやりすぎはいけませんが、私は根の活性を回復させることを論じる前に、土壌自体の問題を解決する必要があると考えています。

サッチ層が厚くなりすぎていることが原因の一つであることは明らかですが、それ以外にも土壌中の溶液濃度の問題があります。

これは半透膜の原理で説明ができます。

すなわち、**土壌中に過剰な養分が保持されていると、そこに水が加わって溶けだすことで土壌溶液濃度が高い状態となります。すると根は水を吸うどころか逆に体内から水分を出してしまいます。そのため葉はしおれて乾燥状態になる**のです。

つけものを思いだしてください。

野菜から水分が出て行きますよね。

過剰施肥などによって土壌溶液濃度が高い状態になってしまったために、土壌に水分はあるのに吸収してくれない現象が起こるのです。この問題の解決法はエアレーションをしてからたっぷりと散水して肥料分を流出させることです。

ウェットウィルトの問題が出ますと、根を元気にするため栄養剤・活性剤・サプリメントなどを与えましょうとすすめる業者は多く存在します。

しかし私の考え方は逆です。

こういうときほど余計なものは何も与えずに、害をなすものを取り除くべきなのです。足し算ではなく引き算なのです。

どうでしょうか?

一度これまでの常識や慣習から脱却し、角度を変えて見てみることで、夏場のベントグリーンの管理に新たな道を見出していただけるのではないかと思います。

何もしなければ、ベント芝は（コウライ芝も同様）自分の力で生き延びるよう順応します。人間は、芝のもつ順応力、自然回復力を、ほんの少し後押ししてやるだけでよいのです。

世の中では、過保護な子どもを見るときの対照的な表現として「親は無くとも子は育つ」という言い方をします。

ベント芝の夏越しも「放っておけ」とまではいいませんが、可能な限り手を加えず、見守る姿勢が大事です。

つねに親のような目で見守り、病気の兆候があらわれたら機動的に対応する、決して先回りして予防殺菌や栄養補給をしないことです。

そのためにも、ベント芝の管理にはどのような注意が必要か、あまり知られていないベント芝の特性も含めて、第二章、第三章でさらに詳しく説明します。

第一章のまとめ

▼不必要な殺菌剤を気休めのように使っている。
▼病気の兆候が出たときだけ農薬で対応するべき。予防殺菌は、逆に土壌を悪くしている。
▼ベント芝は夏に弱いわけではなく、高温になると葉がよじれて、葉の色があせ、見た目が弱々しく見えてしまうだけ。夏は休眠期で活発に活動していないだけ。
▼栄養剤や活性剤、アミノ酸には、チッソ成分が含まれているので肥料と変わらない。
▼栄養剤を与えて一時的には元気になってもただの栄養過多。
▼ベント芝は大量に散水しなければならないほど高温に弱くはない。
▼乾燥を防ぐためには、最低限の散水は必要。
▼ドライスポットの原因は、撥水性物質を分泌するバクテリアが増殖するため。
▼ドライスポットの解消には、バクテリアの多い「完熟堆肥」を毎月少量散布。
▼水分を吸収しないウェットウィルトは過剰施肥が原因で土壌溶液濃度が高い状態である。

第二章

ベント芝って、どんな芝？

年に二回「休眠期」があるベント芝

あらためてベント芝の特徴を紹介します。

ご存じかもしれませんが、ベント芝には、夏と冬の年に二回、「休眠期」があります。

コウライ芝の休眠期は、真冬の年一回です。

休眠期は、落葉樹でいえば葉を落として成長をおさえ、安静にしている時期です。

人間でいえば、夜、眠る時間帯に該当します。


みなさんは夜、寝る前にごはんを食べますか?

または、寝ているときにサプリメントなどの栄養剤を補給しますか?

自然の摂理は人間も植物も変わりません。

植物は休眠期にはエネルギーを使わず、じっと安静にしていますが、ベント芝もそれは同じなのです。つまり、ベント芝の葉がよじれて、色が薄くなっているのは、芝が弱っているからではなく、夏の休眠期だからです。

本来なら落葉樹のように葉を落としてエネルギーの消費をおさえたいところを、葉がついているために色を薄くして光の吸収をおさえているのです。

それを弱っていると勘違いして栄養剤や活性剤をまくとどうなるのでしょうか？　寝る前に食事をとる人と同様、栄養過多になって成人病予備軍になるのは目に見えています。


休眠期は、何もしないで放っておく――。

冬の休眠期は何もしないで、春になって気温が上がるのを待ちますよね。だから冬のベント芝には何の問題も発生しません。冬は温度が低いことも幸いしていますが。

温度の高い夏の休眠期でも、何もせずに秋になって気温が下がるのをじっと待っていればよいのです。

しかし夏は気温が高いため、ベント芝にとっていちばん不都合な呼吸が激しくなるのです。詳しくは次章で述べますが、呼吸が激しくなればなるほど貯蔵養分をムダに消耗してしまうのです。

それを無理に元気づけようと、やらなくてもいい栄養剤や活性剤・アミノ酸などを投与するから障害が起きるのです。また病気の兆候もないのに、予防のつもりで殺菌剤をまくから、土壌が荒れて病原菌が繁殖する下地をつくってしまうのです。

なお、日本芝（コウライ芝や野芝）の休眠期は真冬の年一回です。日本芝は晩秋から初冬にかけてはアメ色に色落ちしていくのがよい管理だと思います。

ベント芝が全滅した赤焼病

第一章で、予防的に使う殺菌剤は不要なだけでなく有害だと書きました。

病気の兆候もないのに予防殺菌する――。

こういった考え方が根づくきっかけとなったのが、昭和五〇年代に突如として日本のゴルフ場を襲ったいわゆる「ピシウム菌による赤焼病」だったと記憶しています。

昭和五〇年代といえば、日本にようやくベントグリーンが定着し始めた時期です。

それまで主流だったコウライグリーンと違って、ベントグリーンはパッティングのクオリティーが高いことからプレーヤーの人気が高く、当時、新設されたメンバーシップのゴルフ場はこぞってベントグリーンを採用しました。歴史のある古いゴルフ場もメンバーの強い要望を受けて続々とベントグリーンに切り替えました。

そのベントグリーンを突然、襲ったのがピシウム菌による赤焼病であるといわれていたのです（後述しますが、本当は生理障害だったのです）。

赤焼病は、朝、キーパーがグリーンを見回りに行くとベント芝が赤く焼けていて、夕方にはペロリと溶けてしまうことから、手の施しようがなく、キーパーは恐怖におののきました。

実際に、赤焼病が出たゴルフ場キーパーのなかには、オーナーなど経営陣に叱責され、対策に悩んだ末に自殺するという痛ましい悲劇も起きたほどだったのです。

赤焼けしたベント芝を検査したところ、芝の地表面付近の根や茎からピシウム菌が発見されたことから「ピシウム菌による赤焼病」と名づけられました。

「病気が出てからでは遅い」とか「病気が出たら治りにくい」という話は、この赤焼病によるものといわれる現象をきっかけに広まっていったと考えられます。

ピシウム菌は、どこにでもいる

ところで、ピシウム菌は土壌に常在的に生息する病原菌で、典型的な土壌伝染病として通常の葉物野菜、とくにキャベツや白菜が被害を受けることで知られています。排水不良の圃場（ほじょう）で発生することが多く、チッソ過多が病気を助長するといわれており、被害を受けるとキャベツや白菜の葉がベロ～ッと軟化腐敗する病気です。

ピシウム菌はどこにでもふつうにいる病原菌ですから、いまもグリーンの土壌を検査すればピシウム菌は生息しています。

しかし、近年、赤焼病が発症してベントグリーンがペロリと被害を受けたという話はほとんど聞きません。

なぜでしょうか？

予防殺菌が効いているのだという人もいるかもしれません。

でも、私はそうではないと考えています。

私は、ピシウム菌による赤焼病を出したゴルフ場のキーパーが悩んだ末に自殺したという情報を耳にして、なんとかしなければならないと、赤焼病について勉強しました。

すると、ピシウム菌による赤焼病を発症したゴルフ場には共通する二つの因子があることがわかりました。

(1)事前にチッソ肥料を大量に使っていた
(2)赤焼病が出る前に、必ず雨が降ったり、大量に散水したりしていた

前述したようにピシウム菌によってキャベツや白菜に病気が発症する条件は、「排水不良の圃場で発生することが多く、チッソ過多が病気を助長する」といわれています。

私はさらに研究を続け、最終的に次のような結論に至りました。

まず、ベント芝が赤焼病になるいちばんの原因はチッソ肥料の投与過多であること。

そして今日、ピシウム菌による赤焼病が激減したのは、予防殺菌が効いているのではなく、チッソ肥料の投与が少なくなったからです。

ピシウム菌による赤焼病が発生した昭和五〇年代当時、ゴルフ場のベントグリーンにおけるチッソの使用量は、年間、一平方メートルあたり四〇〜五〇グラムでした。

「芝生が弱ったら、すぐにチッソ肥料をまけ」

日本グリーンキーパーズ協会がそのように推奨していたのです。それが現在は、年間、一平方メートルあたり一〇グラム以下に減っています。昭和五〇年代当時は、現在の四〜五倍ものチッソをまいていたのです。

当時、赤焼病の原因はチッソの過剰投与ではないかと推論した私は、さらにチッソの役割から、光合成とチッソ同化作用のしくみまで徹底的に勉強しました。

植物の「光合成」をもう一度、おさらいしてみよう

チッソはご存じのとおり、植物の生育にかかせない肥料です。チッソ、リン酸、カリは植物の三大栄養素といわれております。学校の理科の時間で教わったことを覚えている方も多いと思います。

さて、さらに植物の生育にかかせない重要なしくみが二つあり、それが「光合成」と「チッソ同化作用」です。

まず光合成について説明します。これについてはご存じの方も多いと思いますが、おさらいのため読み進めてください。

植物も動物も生きていくためにはエネルギーが必要です。そのエネルギーのもとは光合成でつくられる炭水化物（でんぷん・糖質）です。

動物は炭水化物を、ものを食べることで体内に取り入れます。植物は自分の体内でつく

図1▶ 光合成

二酸化炭素（CO_2）＋水（H_2O）＋太陽エネルギー

—光合成→ 炭水化物（$C_6H_{12}O_6$）＋酸素（O_2）

ります。その際、体内で炭水化物をつくるために重要なのが太陽の光です。植物は太陽の光エネルギーを使って炭水化物をつくるのです。

ただし、材料となるものがないと炭水化物はできません。材料は、葉から取り入れる空中の二酸化炭素と、根から吸い取って運ばれてくる水です。つまり、植物は二酸化炭素と水を使って、光のエネルギーで炭水化物をつくる、すばらしい化学工場なのです。

このときもうひとつ、できるものがあります。それが酸素です。植物が供給する酸素によって、動物は生きていられるようになったのです。

まとめますと、植物は二酸化炭素と水を材料に、太陽の光エネルギーを使って炭水化物と酸素をつくる、これを「光合成」というのです。このことを化学反応の式で表すと図1のようになります。

では、光合成が行なわれる場所はどこになるのでしょうか？

それはおもに葉の表面にある「葉緑体」という場所です。葉緑体は文字どおり緑色をしていて、植物の葉が緑色なのは、葉の表面が葉緑体でおおわれているからです。そして、この葉緑体に光が当たっているときだけ、光合成が行なわれます。

一方、空中の二酸化炭素を取り込み、体内でつくった酸素を空中に放出するところは、葉の裏側にある「気孔」という口みたいなところです。

ところで先に紹介した夏場のベント芝はどんな状態であるか、思いだしていただきます。まずベント芝は、夏場は「休眠期」だと申しました。すべてのベント芝は、気温が二五度以上になると光合成能力が低下し、とりわけ三〇度以上になりますと、光合成は極端に少なくなり呼吸が激しくなります。そして輻射熱(ふくしゃねつ)でグリーンの表面温度は四〇～五〇度くらいになります。

本章の冒頭でベント芝は、夏場は弱っているように見えるけれども、本当は弱っているのではなく、葉がよじれて、色が薄くなっているだけだと説明しました。落葉樹の葉が落ちた状態と同じなのです。覚えていますね。

休眠期ですから、光合成が少ないのでエネルギーの消耗を極力少なくして成長する活動をやめて葉を細くして光の吸収を少なくして、葉緑体も色あせて、成長を抑制しているの

図2▶ 呼吸

炭水化物（$C_6H_{12}O_6$）＋酸素（O_2）

—呼吸→ 二酸化炭素（CO_2）＋水（H_2O）

です。そして気温が下がるのを待っているのです。これが夏場のベント芝の実態なのです。

一方で、気温が高くなりますと、ベント芝は「呼吸」が増えるようになります。前述した式とは逆の反応です（図2）。

動物と同じように酸素を吸って、体内に蓄えた炭水化物をエネルギーとして消費しながら二酸化炭素を吐き出します。せっかく貯蔵した炭水化物を、今度は自ら消費してしまうのです。

呼吸による炭水化物の消費が光合成による炭水化物の生産能力を上回ると貯蔵炭水化物は減少してゆき、ベント芝は弱っていくのです。だから夏場は、あえて何も与えず、ひたすら乾燥防止に努めながら、じっと気温が下がるのを待つのがいちばんいい管理のしかたなのです。おわかりいただけたでしょうか。

なお、貯蔵炭水化物は「フルクタン」とも呼ばれています。

チッソ同化作用とは？

以上のことを前提に、次は「チッソ同化作用」について考えます。
チッソ同化作用とは、植物が地下の根から取り入れた硝酸やアンモニアなどのチッソ成分を、光合成で得た炭水化物をエネルギーとして利用して、化学反応を起こしてチッソ化合物をつくります。このチッソ化合物がアミノ酸です。これは次のように考えると、よくわかります。

チッソ（硝酸、アンモニア）
↓
土のなかへ入れる
↓
アンモニアを硝酸化成菌が硝酸にする（硝酸化成作用）
↓
硝酸を根で吸収する

葉では硝酸が化学反応してアンモニアになる（この反応がムダ）
←
アンモニアが貯蔵炭水化物と化学反応してアミノ酸になる
←
アミノ酸が化学反応してタンパク質（酵素）になる
←
そして植物は成長する
←

これを模式図で表したものが次頁の図３です。

ここで前述の光合成が関わってきます。

植物は、いま説明したように吸収した硝酸を一度アンモニアにしてからアミノ酸をつくるのですが、その過程でエネルギーを消費するのです。

いいかえますと、チッソ同化作用は一種の化学反応で、化学反応を起こすにはエネルギーが必要になります。

図3▶ チッソ同化作用の模式図

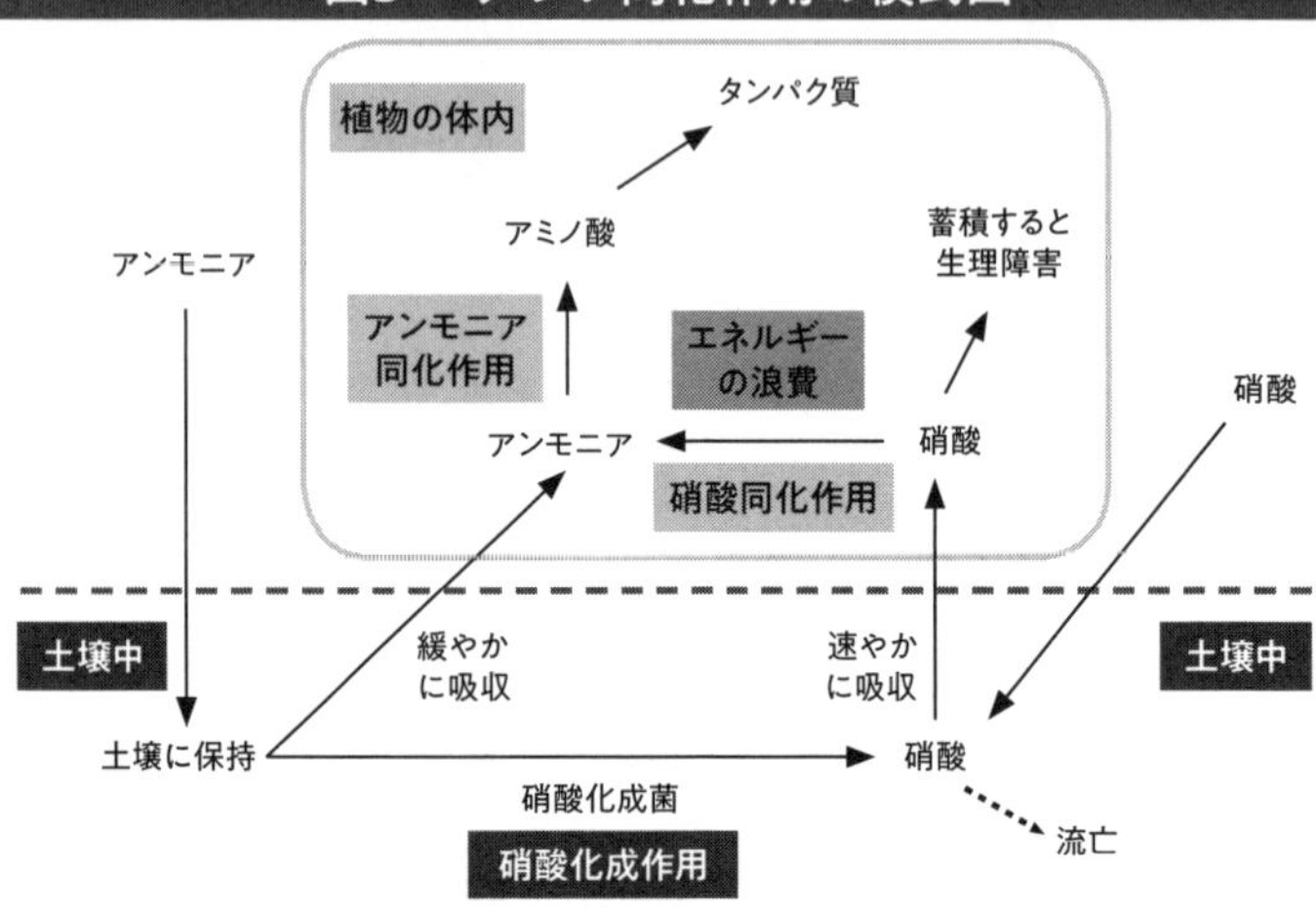

そのエネルギーは光合成によって蓄えられた炭水化物でまかなわれているというわけです。

では、夏場のベント芝の光合成はどういう状態だったでしょうか？

夏場は、ベント芝にとっては休眠期で、気温二五度以上になると光合成能力は低下し、呼吸は増えると先ほど説明しました。

そういう状態のときにチッソ肥料をどんどん投与したらどうなるでしょうか。

土壌内の硝酸化成菌は気温が高くなるほど活発になるため、与えたチッソが短時間で硝酸になります。

硝酸は非常に水に溶けやすく、雨が降ったり散水したりしますと、水とともにベント芝に吸収されます。

ところが吸収された硝酸をアンモニアに変えるエネルギー源（炭水化物＝フルクタン）が不足していますので、この硝酸は硝酸のまま葉に取り残されてしまいます。

取り残された硝酸が葉脈にたまって葉を赤くします。いわゆる生理障害を引き起こして、ベント芝の赤焼病は起こります。私はこのような結論に至ったのです。

そこで私は、硝酸化成菌が増殖し始める五月から九月までは、この硝酸化成菌を減らして、できるだけアンモニアの状態のまま土壌に残しておいたほうがよいと考えました。

そのための資材が硝酸化成抑制材なのです。

それでベント芝の夏越しのために硝酸化成抑制材を使用するよう提唱したのです。

硝酸化成抑制材のこのような使い方は私が初めて提唱したので、一般にはまだあまり知られていませんが、結果がよいため、キーパーの間では徐々に広まりつつあります。

念のため、頭の片隅に残しておいてください。

ところで植物が成長に利用するアミノ酸は、植物自体が化学反応を起こして体内でつくるものです。

アミノ酸を外部から与えても、土壌中でアンモニア→硝酸と変換されて結局硝酸として植物に吸収されます。

つまりアミノ酸を外部から与えることはチッソ肥料を与えているのと同じことです。

夏のベント芝にとって最大の敵は硝酸です

ベント芝の夏の赤焼けは、エネルギー不足のため硝酸が葉身(ようしん)中でアンモニアに還元できずに葉身中に取り残されて葉脈を破壊するということで「生理障害」だといいました。

だったら初めから硝酸を吸収させなければよいことになります。

すなわち芝に過剰に吸収されることのないアンモニアのまま土壌にとどめておけばよいという考えが、50ページのチッソ同化作用の模式図（図3）を眺めて浮かんできたのです。

それで硝酸化成抑制材をベント芝の夏越しに使えばよいと提案したのです。

当時は学者やキーパーたちはイネ科植物というのは好硝酸性植物だから硝酸は悪いチッソではないといって聞き入れてもらえませんでした。

むしろ硝酸の入った肥料には即効性があったのでよく使われておりました。

私はチッソ同化作用の模式図を見せて硝酸の弊害を説明し、やがて半信半疑で硝酸化成抑制材を試験的に使ってみようというキーパーが何名かあらわれました。

使った結果の評価は、「ベント芝が徒長しないからこれはよい資材だ」ということになりました。

私としては赤焼病の予防となることを期待していたのですが、グリーンへのチッソ投与量が徐々に減ってきたため赤焼病が頻発することはなくなってきました。

しかし温度が一五度以上になると硝酸化成菌が活発に活動して硝酸が増え、散水のたびに吸収されて、ベント芝の徒長というかたちでキーパーを悩ますようになってきました。

いまでは硝酸化成抑制材を徒長防止用として使用しているキーパーも多いです。

硝酸は水に溶けやすいので、土壌から根に移動して吸収されやすいのですが、アンモニアは土壌に吸着されて、芝はそれを必要な分だけ吸収するため徒長しにくいのです。

いずれにしても、夏は硝酸化成菌が活発に活動し、散水の頻度も増すので、土壌中のチッソの硝酸化が進みます。

それを芝がどんどん吸収してしまうため、エネルギー不足となって抵抗性が弱まり、芝生は生理障害にも病害にもかかりやすい状態になっています。
今日では五月ごろから二〜四週間に一度、定期的に硝酸化成抑制材を使うことでベントの夏越しが容易になったという評価をキーパーの方々からいただいております。

私はこの硝酸化成抑制材を使用したら沖縄でもベントグリーンをつくることが可能ではないかと考えております。沖縄は高温期間が長いですが、鹿児島、熊本、京都、大阪より最高気温は低いのです。

沖縄でのベントグリーンは一一月から翌年五月まではオーバーシードしたベントグリーンを使い、六月から一〇月まではもともとあったベースのコウライグリーン（またはティフトン）を使うという使い分けを考えています。

沖縄は高温期が長いので、夏のベント芝は葉を細く丸めて、コウライ芝またはティフトン芝の葉の陰にかくれて温度が下がるのをじっと待っているかたちで生きています。
沖縄は冬の客が多いのでベント化したグリーンは踏み痛みも少なく、よいグリーンコンディションでプレーさせることができると思います。
夏は当然コウライ（またはティフトン）のグリーンとなります。

沖縄は気温が高いので、化成肥料は使わず完熟堆肥と硝酸化成抑制材のみを使用して維持管理ができる可能性が高いと考えております。

現在の沖縄のコウライグリーンは本土のベント芝と同じように肥料や農薬の過剰害が出ているのではないかと危惧しております。

赤焼病の正体は肥料のやりすぎによる濃度障害だった

大事なことですので、もう一度いいます。

ベント芝の赤焼病は、ピシウム菌によるものではなく、チッソ肥料の過剰投与による生理障害でした。

これが私の結論です。病原菌は高温のとき（三〇度以上）と低温のとき（一〇度以下）は活動が活発ではないと考えてよいと思います。

私は昭和六一年からたびたび「ゴルフ場セミナー」や「ゴルフマネジメント」といった専門誌の紙面で肥料の使いすぎが赤焼病の原因だと発表しました。

ところが、日本グリーンキーパーズ協会から反発を受けました。

「肥料をやらないで、どう育てるのだ」といわれたのです。

私は「やらなくていい」とはいってはいません。「やりすぎがよくない」といっています。

でも当時は、私の考えはなかなか理解されませんでした。

しかし、現在では、私が指摘したようになっています。

チッソ肥料の投与はかつての五分の一くらいに減り、それにつれて赤焼病はほとんど見られなくなりました。

さらに硝酸化成抑制材の投与によって、ベント芝の夏越しは劇的に楽になっています。

赤焼病はもともと病気ではなく、生理障害ですので、殺菌剤では治りません。

当然ながら、ゴルフ場の多くがいまも続けている農薬による予防殺菌は、ほとんど意味のないことがおわかりいただけたかと思います。

意味がないだけでなく害をもたらしているのです。

殺菌剤の散布によって土壌内の有用バクテリア（いわゆる善玉菌）まで殺してしまうからです。ベント芝の生育にとっていちばん大事な土壌が荒れる原因をつくっているのです。

殺菌剤の費用はかかります。キーパーの人件費・労力負担は増すことでしょう。そのうえ大事な土壌も荒らしてしまう——。

それでも、みなさんのゴルフ場では予防殺菌を続けますか？

多くのキーパーは仕事熱心で真面目です。

何かが起きたら大変だ。

起きる前に何かをしておかないと、オーナーに怒られる。

そんなふうに考える人が大半でしょう。

そういった仕事熱心で、真面目なキーパーに、ぜひおすすめします。

完熟堆肥を月に一回程度、散布してください。一平方メートルあたり五〇グラム程度の少量でよいのです。

完熟堆肥とはどういうものか、その効能はどうなのかといったことについては、第四章で詳しく紹介します。


一つだけ、簡単に紹介しておきますと、ベント芝の根は、真夏と真冬に、それまで活躍していた根が死んで（いわゆる根上がり）、新しい根が出ます。

この新しい根は、赤ちゃん根ですので、肥料や土壌内で発生するガスや溶液濃度によって障害を受けやすい弱点があります。

したがって、夏場はいかなる理由があってもチッソ成分の肥料を与えてはいけません。栄養剤や活性剤、アミノ酸などもチッソ成分を含んでいるのでこれらもしかりです。

むしろエアレーションをして地中のガスを逃がしてやることを考えなければいけません。

そしてチッソ肥料の代わりに完熟堆肥をまいて、バクテリアを増やしましょう。完熟堆肥は以前から、「バクテリアのすみか」といわれるほど多くのバクテリアが生息していて、そのバクテリアがサッチを分解してくれるのです。バクテリアによって分解されたサッチはわずかながらチッソ肥料（アンモニア）になります。

夏のベント芝においては、わざわざ化成肥料のチッソを用いなくても、このバクテリアがつくってくれたアンモニアで十分まかなえるのです。

さらにバクテリアの種類や数が多い健全な土壌は、ピシウム菌をはじめとする病原菌の繁殖をおさえこんでくれることもわかっています。

バクテリアのすみかである完熟堆肥をまいておけば、土壌のなかのバクテリアがどんどん増殖してサッチなどの分解はもとより、病気の発症もおさえてくれるというわけです。

ベント芝の育成でなによりも大事なのは〝土づくり〟です

わかりきったことをいいますが、ベント芝は植物です。

野菜やコメなどと同じ作物なのです。

農家の人に野菜づくりやコメづくりで大事なことを聞きますと、みなさん異口同音に「土づくりだよ」といいます。昔のキーパーも同様で、芝の管理でいちばん大事なものは何か？　と問うと即断で答えてくれたものです。

「それは土づくりだよ」

土づくりとは、どういうことをいうのでしょうか？


結論を先に述べますと、土壌のなかのバクテリアをいかに増やすか、そのためにバクテリアのすみかをいかにしてつくってやるか、という作業です。

バクテリアが多く生息して活発に動き回る土壌にしてやれば、病原菌に冒されたり、栄養不足におちいったりすることなく、また外から病原菌が侵入しても、作物自身の自然治癒力で回復して、どんどん成長してくれます。それが土づくりの基本です。

バブル期の前後に、日本にはゴルフ場が雨後のたけのこのように増えました。

その結果、キーパーはどこのゴルフ場でも引っ張りだこになり、経験の少ないキーパーに芝の管理が任されるようになりました。

そういったキーパーたちが頼りにしたのが業者です。

現在でもキーパー不足の状況は変わらず、業者を頼りにする傾向があります。業者は当然ですが自社製品の売上に直結しますので、商品の宣伝のため懇切ていねいに説明してなんとか資材を使ってもらおうとします。


ご存じの方も多いと思いますが、私は肥料会社を経営し、完熟堆肥を製造・販売しています。業者であることに変わりはありません。

ただし、私が売るのは完熟堆肥です。完熟堆肥はバクテリアのすみかです。そして、ここからが大事なのですが、芝生の病気の発生を防ぐのは、私の完熟堆肥そのものではありません。

私の完熟堆肥のなかにすみついているバクテリアが種となって、土壌内で増殖したバクテリアなのです。

農薬は土壌のなかのバクテリアを殺しますが、私の堆肥はバクテリアを増やします。ここがいちばん大きな違いです。

さらにいえば、私が売っているのは完熟堆肥という「製品」ではなく、土づくりのエッセンスである「武山メソッド」、つまりは管理の手法・考え方です。

どうしたら芝生が自らの力で生き生きと成長できるようになるのでしょうか――それを私の完熟堆肥がほんの少し、手助けしてやるだけなのです。

ベントグリーンの管理は、農作物と同じように〝土づくり〟が基本です。

基本をわかってもらえば、予防殺菌のような不要な手間を減らし、土壌のバクテリアに芝生を守ってもらい、芝生自身の回復力を高める管理ができるようになるため、省力化やコストダウンが実現できるのです。

第二章のまとめ

▼ベント芝の休眠期は夏と冬の年二回。コウライ芝のそれは冬だけの年一回。
▼ベント芝の夏の赤焼病は生理障害。殺菌剤では予防できない。
▼チッソの過剰投与が赤焼病の元凶。
▼ベントグリーンに与えるチッソは年間一〇グラム／㎡以下で十分。
▼ベント芝の光合成最適温度は一五～二五度。
▼大気温度が三〇度以上になるとベント芝は呼吸が激しくなり貯蔵炭水化物が激減する。輻射熱でグリーン表面温度は四〇～五〇度に達し、ますます呼吸が激しくなり、貯蔵養分の消費も多くなる。
▼夏のベント芝にとって硝酸は最大の敵である。
▼アンモニアは土壌に吸着されるので安全なチッソである。
▼土壌中のアンモニアが硝酸にならないようにするために硝酸化成抑制材は有効。
▼芝生栽培で大切なことは土づくり。
▼土づくりで大切なことはバクテリアのすみかを作り増やすこと。

第三章

低コストで省労力、芝がよろこぶ新しいベント芝の管理法

健康なベント芝の生育にかかせないエアレーション

現在、多くのキーパーが行なっているベント芝の管理は、過剰施肥、過剰農薬、過剰散水の三大過保護策から成り立っています。手間もコストもバカにならないでしょう。

それで結果がよければ問題はないのですが、結果的にベント芝を弱らせ、病気を招く要因になっています。

ベント芝は病気が入ると、朝露ののりが悪くなったり、クモの巣状の菌糸が張ったりします。また葉が変色してきます。毎朝キーパーが行なうグリーン巡回の際に、そうした微妙な変化を見逃さないようにし、ふだんと違う兆候や、まわりの芝と異なる様子が見てとれたら、その時点で速やかに殺菌剤をまくなどの対策をとればよいのです。

つまり「病気の予防のための殺菌」ではなく、継続的な観察から病気の兆候をいち早く察知し、異変に気づいたら、即・行動する、それがベント芝のよろこぶ管理法なのです。

そのためには、毎朝の芝の観察をていねいにすることが大切ですが、同時に、観察と同じくらい大切なのがエアレーション（穴あけ作業）です。

ベント芝は、長期にわたって植え替えをする必要のない「永年作物」です。そして、一般的に畑がするようには耕すことはしません。その代わりになる唯一の方法が、エアレーションなのです。エアレーションは、グリーンの床の〝土づくり〟を考えるうえで、とても大事な作業になります。エアレーションは更新作業ともいいます。

エアレーションの目的は、大きく分けて五つあります。

(1)ガス抜き
(2)根切り
(3)通気性と透水性の改善
(4)芝密度の調整
(5)土壌改良

一つ目の「ガス抜き」から説明しましょう。ベント芝は真夏と真冬の年に二回、古い根が死んで、新しい根を出します。いわゆる「根上がり」という現象です。

この古い根は枯死根となって土壌内に堆積し「サッチ層」をつくります。

サッチとは、第二章で説明したとおり、死んだ古い根や刈りカスなどの有機物が分解されずに芝生の床土の表層に堆積したものをいいますが、そこに雨が降ったり、過剰な散水が行なわれたりすると、サッチ層に水が染み込み、腐敗してガスを発生させます。

このような状態を放置しておくと病原菌が増殖し、病気の原因になります。エアレーションは、腐敗したサッチから発生するガスを抜くためにかかせない作業なのです。ガス抜きを目的とするエアレーションのタイン（歯のこと）はムク刃でもよいです。

一部のキーパーは、七〜八月の暑い時期にはベント芝が弱っているから、エアレーションはしないほうがよいという人もいますが、とんでもないことです。

夏の暑い時期は、前述の土壌内でサッチの腐敗が進みますので、ガスが発生しやすくなります。このガスは根を傷め、新しい根の発芽を妨げます。だから暑い時期ほど、積極的に穴あけをして地中のガス抜きをしてやらなければいけないのです。

夏のエアレーションで芝生を傷めることがあるのは、硝酸を吸収して生理障害が出たからです。そのため事前に硝酸化成抑制材を使っていることが大切です。

二つ目の「根切り」について説明します。

植物は根っこを切ると、新しく強い根っこが出る特徴をもっています。ベランダの鉢植えの観葉植物などは、成長にともなって大きな鉢に植え替えますが、その際に根切りをするのは、愛好家の間では常識です。

また植木屋さんが庭木の植え替えをする際にも根切りをしますが、これは庭木の運搬を容易にするだけでなく、根切りによって新しく強い根っこが芽生え、より丈夫に育つようになるからにほかなりません。

それと同じで、エアレーションはベント芝の発根をうながし、新しく強い根を張らせるために必要不可欠な作業なのです。根を切るエアレーションはコアを抜くタインや十字タインを使います。

バクテリアの活発な働きをうながす酸素の供給

三つ目の「通気性と排水性の改善」については、もういうまでもありません。土壌内にすむバクテリアに酸素を与えるために通気性は重要なファクターです。また、排水が悪い土壌では散水や降雨の際に土のなかが酸欠状態になりやすいです。

一般的な農作物では、酸素の供給は耕耘(こううん)によって行ないますが、グリーンの芝は耕耘しない不耕起栽培をしていますので、定期的に行なうエアレーションによって通気性と排水性を改善し、バクテリアに酸素が十分いきわたるようにするのです。

ベント芝のグリーンに限らず、健全な土壌には何種類もの有用バクテリア（善玉菌）がすんでいます。彼らはいま述べたようにサッチ層を形成する枯死根など土壌内に残留した有機物を分解してくれる重要な役割を担っています。

そして、この有機物を分解する有用バクテリアが活発に働くために必要なのが酸素です。このようなバクテリアは好気性菌と呼ばれ、有用バクテリアとされているもののほとんどがこの好気性菌です。

一方、通気性や排水性が悪く酸欠状態になっている土壌中では、酸素を嫌う菌（嫌気性菌）が増えてしまいます。

嫌気性菌も土壌中の有機物を分解するのですが、その際に植物にとって有害なガスを放出します。嫌気性菌による有機物の分解は「腐敗」と呼ばれ、嫌気性菌は俗に「腐敗菌」とも呼ばれます。

通気性と排水性を改善するための穴あけは、ガス抜きと同様ムク刃のタインでも十分効果があります。

芝密度の調整

四つ目の「芝密度の調整」について説明します。

ベント芝は正しい管理をしていると、芝密度が高くなってくるため、ボールの転がりが重くなります。

それをバーチカルカッターなどで芝を間引いてやることによって転がりのよいグリーンになるのです。

むろん間引く作業も芝に活力を与え、成長をうながします。ただし、夏は根が浅いため、バーチカルカットはかけないようにして、ムク刃による穴あけで芝密度を下げましょう。

また、とくに夏場はベント芝が寝てしまうので、このようなときはサッチングリールで葉を起こして刈り込みます。ただし軸刈りにならないように刈り高を調整してください。

夏場であってもこの程度の負荷をかけるのは大丈夫です。

土壌改良

五つ目の「土壌改良」は、エアレーションをした穴や筋に、完熟堆肥を入れて土壌を改良することを指します。芝生は永年作物として不耕起栽培をしています。いってみれば同じ作物を同じ土壌で連作していますので、連作障害が起きやすい環境にあります。そうした弊害を未然に防ぐために、エアレーションによって完熟堆肥を入れて土壌を改良する必要があるのです。この目的のためのエアレーションはムク刃でもよいです。

コアも再利用する

エアレーションのなかでもコアリングをするとコアが出ます。多くのゴルフ場ではコアを回収して捨てていますが、私は抜き取ったコアをすりこんで、土（砂）の部分はグリーンの床土に戻してやるのがよいと考えています。

理由は、そちらのほうが省力化になり、コストダウンもできるからです。

新しい目砂（めすな）を散布してすりこんだほうが作業効率がよいと考えている人も多いですが、

実際にやっていただくとわかりますが、コアをスイーパーで取り除くという手間のかかる作業が省けるので、コアリングの作業全体で見ればコアをすりこんだほうが省力化になります。

また焼き砂の使用量を大幅に減らすことができ、コストダウンにもつながります。

ただし、再利用するのは土（砂）の部分だけです。

コアのなかには古い根も含まれますが、根は軽いのですりこむときに浮いてきますので後からブロワーで除去しましょう。

また「コアは悪い土だから捨てたほうがよい」と考えている人もいますが、それは誤解です。床土をもとに戻すだけですし、もしコアリングでサッチを取り除くと考えているのであれば、それは非効率です。

コアはグリーン全体の四〜五％にも満たない量で、そのなかに含まれるサッチはさらにその一部にすぎません。

それよりコアをすりこむ前に完熟堆肥を散布して一緒にすりこめば、エアレーションの効果は倍増してサッチ分解が促進されますので、こちらのほうがはるかにサッチ除去に役立ちます。

また夏にエアレーションを行なって失敗したという話はよく聞きますが、これは第二章で説明したとおり、硝酸を吸収したからです。

じつは硝酸化成菌は酸素を好む好気性菌で、エアレーションで活発化します。そのため夏のエアレーションの直前にはとくにチッソ肥料は与えないこと、事前に硝酸化成抑制材を使用することの二点を心がけてください。

エアレーションは、最低でも二カ月に一回する

ベント芝は基本的に連作しています。だからベントグリーンはもともと連作障害を起こしやすい環境にあるといえます。

一般に植物は、連作はよくないとされています。

なぜでしょうか?

同じ作物をつくり続けますと、根から分泌されるものが、つねに同じであるため、そこに群がるバクテリアも同じものになり、根の周囲はいつも同じ土壌環境となって、バクテリアの種類も必然的に固定されます。

そこへ外部から異種のバクテリア（病原菌など）が侵入してきますと、これを攻撃するバクテリア（拮抗菌）が少ないため、ひとたまりもなく病気になってしまうのです。いいかえますと、土壌内にはいくつものバクテリアが混在してバランスがとれていることが理想で、そういう状態である限り、病気は発症しません。バクテリアの種類が減って、単一のバクテリアにかたよったとき、病原性のバクテリアが侵入して増殖すると、拮抗菌が少ないために病気を発症するのです。

病気を予防するには、殺菌剤を使用すればよいとする考えがあります。一見、合理的なように思われますが、殺菌剤は病原菌を殺すだけでなく、豊かな土壌をつくるために必要な有用バクテリア（善玉菌）まで殺してしまいます。

つまり土壌が荒れるのです。

また、最近では細菌病などと呼ばれ、有効な殺菌剤が開発されていない病気もあります。殺菌剤を万能と考えますから、農薬で病原菌をおさえようと考えるのでしょうが、発想を変えて、病原菌と対抗できるバクテリア（拮抗菌）を増やす方法を考えてみたらどうでしょうか。

耕耘の代わりのエアレーションをしっかりして、土壌のなかのバクテリアが活発に繁殖できる環境をつくってやると同時に、エアレーションでコア抜きした穴に目土(めつち)をする際、目砂(めずな)と一緒に完熟堆肥を投与してやるのです。

前述のような殺菌剤が効かない病気にはとくに顕著な効果が出ることが多いです。

発酵熟成した完熟堆肥はバクテリアのすみかであり、じつに多種多様なバクテリアが生息しています。

その数も一グラムあたり億の単位で含まれているために、病原菌と拮抗して病気の予防になります。

さらに土壌を改良して根張りをよくし、芝を健康に育てるため、病気からの回復を促進させる効果もあります。

ちなみに、ビニールハウスによる野菜栽培は連作障害が出やすく、ビニールハウス農家では、連作障害を避けるために毎年土壌消毒をしますが、それでも連作障害がなかなか止まらずに苦労しています。

しかし、「完熟堆肥を投与するとその課題が解消されます」と、ビニールハウス農家から絶大な支持を得ています。完熟堆肥に含まれる豊富なバクテリアが拮抗菌となって連作障害を緩和しているのです。

なおエアレーションをしますと、一般には「球の転がりが悪くなる」と、プレーヤーには歓迎されません。でも**目土をしたあと転圧(てんあつ)すれば、転がりは十分維持できます。**

そうしたことも含め、私の経験では、エアレーションは**グリーンが凍結していない二月から一一月ごろまでは、できれば毎月やってほしいものです。**

それがむずかしいようでしたら、少なくとも二カ月に一回はお願いしたいです。

ベント芝を病気から守り、生き生きとした生育状態を保つために最低限、それくらいの頻度でやっていただきたいと思います。

ダメージを受けてから芝を張り替える手間や労力、コストを考えますと、エアレーションにかける手間や労力はたいしたものではありません。

夏のエアレーションはとくに大事なことであると強調しておきます。コアリングをすることがむずかしい状況であれば、ムク刃によるものでも効果は絶大です。タインの種類と大きさは芝生の状態やエアレーションの目的と時期を考えて選択してください。

散水は極力少なく、短時間で

ベント芝が日本のゴルフ場に導入されたのは昭和三〇年代です。当時、ベント芝は「寒地型芝」という情報があるだけで、それ以外の情報や、育て方の知識も少なかったため、ベント芝は暑さに弱いという話がまことしやかに流布されていました。

しかしその後、管理法の情報が多く伝わり、また品種改良も進んだために、いまでは大半のベントグリーンが日本の夏の高温に耐える芝に切り替えられています。現在、日本のゴルフ場で使われているベント芝で、高温に耐えられない芝はほとんどありません。

しかし、夏場に過散水になりがちなのは昔から変わっていません。過散水は前述した枯死根などからできるサッチ層を腐敗させてガス害を引き起こす要因になります。

また炭疽(たんそ)病などの病原菌は湿度が高い環境で発生しやすくなるだけでなく、水にのって感染が拡大します。過散水はさらに藻の発生要因にもなり、百害あって一利なしです。

トマトは水やりを減らすと甘くなるのに……

余談ですが、トマト栽培で、水を減らすとトマトが甘くなるという話を聞いたことはありませんか？　水を減らすと成長がおさえられ、光合成した産物（炭水化物＝糖質）がトマトの実に蓄えられます。だから甘くなるのです。

ベント芝も同じです。

水を減らすと光合成で得られた糖質は葉や茎のクラウンと呼ばれる部分に蓄えられます。これを貯蔵養分（フルクタン）といい、貯蔵養分が多い芝はコシの強い葉になります。

逆に、散水を多くしますと、どんどん葉が伸びる→刈りこむ→葉に貯蔵養分が少なくなります。

結果、コシの弱いしんなりした芝になり、病虫害に冒されやすくなるということです。

トマトが甘くなることは、芝生にも応用できるのです。しかし、ゴルフ場ではベント芝を大事にしすぎているのです。

もちろん植物の大敵は乾燥です。乾燥のしすぎはベント芝といえども避けなければなりません。ベント芝が乾燥しているかどうかは、毎朝夕、観察を続けていると容易に判断できます。芝の葉が少しよじれて、乾燥気味だなと感じたら、そのときに朝夕水が浮いてこない程度散水すれば十分で、それ以上散水する必要はありません。

ただし、土壌は保水性と透水性がバランスよく両立するような状態にしておく必要があります。そのためには土壌を団粒構造にします。団粒構造とは土壌粒子が結合して集合体となって、それらが微小な塊（団粒）となっている状態です。団粒構造の土壌は大小さまざまの孔隙（土の粒子どうしの隙間のこと）に富み、微細な毛管孔隙は保水力を高め、大きな孔隙は透水性を高めます。そのため団粒構造の土壌は保水性と透水性を兼ねる植物栽培に最適の土壌なのです。なお、土壌を団粒化させるためにも完熟堆肥の役割は重要ですので、あとで詳しく解説します。

極論すると、土壌を乾燥気味に維持することで枯れてしまうことがあっても、その面積は過散水によって病気や生理障害を起こす面積よりはるかに小さく、修復コストも段違いに安くすみます。乾燥気味でしおれているだけなら散水するだけですぐに回復できます。

真夏の日中の水やりは、お湯になる？

そのほか、水やりに関する正しい知識をいくつか紹介します。

真夏の日中の水やりは、芝が焼けるとか、蒸れるとか、お湯になるからやめたほうがよいとかいわれることが多いですが、一～二分程度の散水は日中の高温時でもやることが大切です。たとえ高温時でも、水やりによって気化熱で地温は必ず下がるからです。

露地栽培では水は気化するので蒸れるという現象は起きません。蒸れるというのはハウス栽培で起きる現象です。

そうはいっても「真夏の日中にグリーンに散水してひどい目にあったという話を昔聞いたことがあるので真夏の日中は散水したくない」という人もおられるでしょう。

くりかえしになりますが、あれは硝酸の過剰吸収による生理障害です。日ごろからチッソをひかえて、硝酸化成抑制材を使い、少量の散水であれば問題は起こりません。できるだけ少量の散水を行なうにはマルチスプレイヤーがあると便利です（こういった散水のことを「シリンジング」といいます）。

また、地温が上がると雑菌が増えて土中でガスが発生しやすくなります。

したがって夏のエアレーションは重要な作業です。

ただ、穴あけ直後は十分に散水して、ていねいにガス抜きをするとともに、乾燥を防ぐことが大事です。穴あけで失敗するのは、穴あけ直後の散水が不十分なときに起こることも覚えておきましょう。そして穴あけの前にはとくにチッソをひかえて硝酸化成抑制材を使用しておくことも忘れないでください。

なお、ベントグリーンに黒い藻が発生することがありますが、藻の発生を抑制するには薄めの砂を与え、かつ土壌をやや酸性にすると効果的です。覚えておいてください。

チッソ肥料を極力おさえる

植物が貯蔵する養分のことを、チッソと思っている人は決して少なくありません。そういう人は、夏にベント芝の元気がないと肥料が足りていないのだと勘違いしてチッソを追肥(ついひ)してしまいます。

結果は、葉身に硝酸の蓄積を起こして赤焼病などの原因になることは、すでに述べました。ベントグリーンのチッソは一平方メートルあたり年間一〇グラム以下で十分です。

前述しましたが、昭和六〇年台初頭に、私が「ゴルフ場セミナー」で、チッソ肥料の使いすぎが赤焼病の原因だと発表したところ、日本グリーンキーパーズ協会からお叱りを受けました。なかには「チッソ肥料をやらないでどうするんだ」と反論するキーパーもいました。日本グリーンキーパーズ協会の指導が「芝が弱ったらチッソをまけ」の一辺倒だったのです。

それがどうしたものか、平成一五年ごろから、一部のキーパーがチッソ肥料を減らす管理を始め、全国に広がっていきました。いま、一般的に一平方メートルあたりのチッソ肥料の使用量は年間一〇グラム以下になっています。かつての使用量が年間四〇〜五〇グラムだったことを考えると雲泥の差です。

いまでも真夏にチッソを追肥しようとするキーパーがいますが、バクテリアが活発に活動する土壌環境さえつくっておけば、サッチ層の有機物は土壌中のバクテリアで分解されチッソ成分が放出されますので、これ以上のチッソを与える必要はありません。

わざわざ化成肥料のチッソを追肥することは、過剰施肥以外の何ものでもありません。

また、施肥に関しては少量ずつ、多数回に分けて与えましょう。

粒状の化成肥料は、肥料焼けや葉の伸びすぎ（徒長）の害が出やすいので、有機質の完熟堆肥をおすすめします。

有機質とはいっても発酵させていない生の有機肥料（油かす、魚かす、豚ふん、鶏ふん等）は易分解性の有機質が多く含まれており、土中で発酵してガス害が出るおそれがあります。必ず完熟したものを使いましょう。

晩秋施肥は必要か

晩秋施肥をして貯蔵養分を蓄えさせ、「春の芽出し」をよくしようと考える人もいますが、これも無駄の多い作業です。晩秋施肥に使われるのはおもにチッソ肥料ですので、徒長と濃度障害の原因になります。貯蔵養分とは、光合成で得た炭水化物のことをいうのは、第二章で説明したとおりです。くりかえしますが、チッソやチッソからつくられるタンパク質は貯蔵養分ではありません。

また、気温が下がって光合成が弱まってきているのに、チッソを与えて色を出し光合成を活発にさせ、翌春のために貯蔵養分を増やしましょうといっている業者もいます。

しかし、晩秋のベント芝は「肥料が不足しているから光合成能力が低下している」というわけではありません。気温が十数度以下になると光合成の能力が低下するというのはベント芝にとって当然のことなのです。

光合成に適した気温であればチッソを与えることで光合成を増進させるというのも理解

できますが、そもそも低温で光合成が衰えるのは植物が自らを守るために行なっていることですので、無理やり光合成をさせようとすることはそれに逆行することです。

冬の間の貯蔵養分（フルクタン）に着目するのはよいことだと思いますが、晩秋に化成肥料を与えることは逆にそれまでに蓄えた貯蔵養分を成長することに使われて消耗するおそれがあります。だから晩秋には何もしないで、放っておくのがいちばんいいのです。落葉樹は秋になると葉を落としてエネルギーの消耗を防ごうとします。芝生は葉が落ちませんので、緑色を薄くして消耗をおさえようとするのです。

いいかえますと、冬が近づくと葉の色が薄くなるのも光合成が衰えるのも芝生の正常な営みなのです。人間は自然の摂理に逆らってはいけません。

ベント芝だから一年中、鮮やかなグリーンを保っているわけではありません。秋になって芝の色が薄くなり、葉がよじれてきたら、「あっ、ベント芝も冬支度を始めたな」と思えばいいのです。

また、晩秋施肥で芝が吸収しきれなかった肥料成分は、大半は冬の間に流亡（りゅうぼう）してしまいますが、一部土壌に残った肥料は、ベント芝よりもさらに低温で生育する雑草、おもにスズメノカタビラに吸収され、翌春にスズメノカタビラが増える原因になってしまいます。

冬のベント芝の管理はどうする?

ベント芝には真夏と真冬の年に二回、休眠期があります。だから冬になると、ベント芝の葉は色が薄くなり、葉先がよじれてきます。前述したように、これは落葉樹が葉を落としてエネルギーの消耗をおさえようとするのと同様、ベント芝の正常な営みです。ところがこの現象を見て、冬場も芝生を元気づけようと化成肥料をまくことをすすめる業者がいます。

この冬場の施肥もまったく無意味です。理由は――。

(1)無駄――寒いので大半のチッソは吸収されずに雪や雨で流亡するだけ。

(2)芝は成長しようとしていないのに、チッソ同化作用を起こさせて貯蔵養分を消費してしまうので避けたほうがよい。

つまり、ベント芝の立場でいえば、本来、冬は落葉したいけれども、落葉しない植物だから葉が残っているだけで、色を薄めて極力消耗をおさえようとしています。そこに化成肥料を与えて貯蔵養分を浪費させてしまうのは、無益というだけでなく有害な行為です。

夏場の栄養剤や活性剤と同様、冬場のチッソ肥料の追肥も決してほめられたものではないことを、再三にわたって強調しておきます。

しかし、冬でも暖かい日があります。

そういうときは有機質として土壌に保持されたチッソが適度に無機化して芝に吸収されます。このとき吸収されるチッソは芝にとって無理・無駄のない適量になります。

そのため冬は流失しにくい有機物のかたちでチッソを土壌に蓄えさせておくことが重要です。このようなチッソのことを地力チッソといいます。

また、有機物を分解するためのバクテリアも必要ですので、冬のベント芝には完熟堆肥の施用が最適です。

土壌が有機物としてのチッソを多く含んでいて、かつ有機物を分解する能力が高いバクテリアも豊富な状態を「地力が高い」といいます。完熟堆肥を利用して地力だけはつねに高めるようにしましょう。

春の芽出しの向上にも、暖冬によるチッソ切れ対策にも十分対応できます。

なお、気温の低い冬場に色の落ちた芝生に着色することは悪くありませんので、無理に肥料で色出しをするよりは着色しましょう。

サンドグリーンの長所と短所

これまで多くのゴルフ場が、営業面でのメリットを考慮してサンドグリーンに改造してきました。

日本でいうサンドグリーンはバブル期に雨の日にもプレーできるようにと、水はけのよさに特化したものが多いです。

土壌の団粒構造で透水性を上げるのではなく、砂の単粒構造で透水性を上げるため、シルトや粘土などの細かい粒子をほとんど含んでいない粗目(あらめ)の砂を用いたオールサンドのグリーンが多くのゴルフ場で採用されました。

当時のサンドグリーンは確かに透水性については抜群によかったので目的は果たされていたのですが、芝生栽培の観点からいうと、本当はおすすめできないものでした。

サンドグリーンの問題点を列記しておきます。

(1)肥料やバクテリアが流出しやすい
(2)保水性が悪い
(3)植物の栽培に必要な養分の補充が必要になるが、コントロールがむずかしい

(4)塩基置換容量が、ほぼ零に近い
(5)ドライスポットができやすい

こうしたサンドグリーンの欠点は、じつは「完熟堆肥」が解決してくれます。

まず、完熟堆肥のなかにすむバクテリアが土壌内のバクテリアを繁殖させ、そのバクテリアの力でサッチが分解されて肥料になることが一つ。

二つ目は、分解の進み方がゆっくりしていますので、肥料効果が長持ちする（化成肥料は、即効性はありますが、すぐに流亡します）。

三つ目は、完熟堆肥はスポンジのように水分を保持することができるために保水性がよくなります。

四つ目は、完熟堆肥は塩基置換容量（プラスの電荷を持つ肥料を保持する力。たとえばカルシウム、マグネシウム、カリウムなど）が高いので保肥力（ほひりょく）が増加し、肥料成分やミネラル・微量要素などのコントロールが容易になります。

さらに五つ目は、ドライスポットの原因は特殊なバクテリアが水をはじく物質を分泌して砂の粒子をコーティングして保水力を失うからですが、完熟堆肥には多種多様なバクテリアがすんでいるため拮抗作用により、そういったバクテリアが増殖しにくい環境となり、結果、ドライスポットがなくなります。

しかも、現在ではサンドグリーンもサッチが蓄積してしまって透水性が悪化しているものがほとんどです。

管理にお金をかけられるゴルフ場であれば排水工事を行なって透水性を回復させることができるかもしれませんが、一般的にはなかなか厳しい状況です。

この透水性が悪化したサンドグリーンというのが近年ベント芝を管理するうえでさまざまな問題を引き起こしている原因の一つでもあるのです。

ここで土壌の三相分布の話をします。

土壌は「固相(こそう)」「液相」「気相」の三つから構成されています。

植物を栽培するのに理想的な三相の割合は、四〇：三〇：三〇とも、五〇：二五：二五ともいわれていますが、造成したばかりのサンドグリーンはこの理想の状態に近いか、これよりも液相少なめ・気相多めの状態になっています。

この状態を永久に維持できるのであれば問題はないのですが、現実はそういきません。まず年月がたつにつれてサッチがたまり、グリーン床からの水の抜けは悪くなっていきます。

しかし、グリーン表面は相変わらず乾きやすい状態になっていますので、どうしても過散水気味になってしまいます。そして大量の水は砂と砂の間を埋めていき、気相が減少します。

つまり、極端なケースでは「固相」「液相」「気相」の比率が五〇：四〇：一〇などとなる部分ができてしまうのです。

これが単粒構造であるオールサンドグリーンの大きな問題点です。

一方でグリーンの床を団粒構造にしておけば、透水性は造成直後のオールサンドには劣るものの、芝生の維持管理のしやすさとプレー性の高さを両立しうる土壌状態を長くキープできるのです。

団粒構造になった土壌は保水性と透水性を絶妙のバランスに保つことを覚えておいてください。

現在のグリーンの床土を入れ替えることは簡単にはできませんので、現状のままなんとか使いこなすためには、単粒構造のサンドグリーンを徐々に団粒構造に変化させる方法があります。

団粒構造は、シルトや粘土のような微細な鉱物が集まって粒子をつくり、さらにそれらの粒子と砂粒・有機物が合わさってより大きな粒子になったものの集合体です。

団粒構造が形成されるプロセスでは、芝生の根・水・微生物の働きによる物理的な力、サッチの分解による空隙（くうげき）の形成が重要な働きをします。

そのため、シルトや粘土を少量含んだ砂とバクテリアが豊富な完熟堆肥が団粒構造を作るために必要な資材となります。

これらを薄目土として芝生の上から少しずつ加えていくだけでも徐々に団粒化は進みますが、コアリングなどのエアレーションを行なったときに、シルトを含む砂と完熟堆肥を混ぜたものを穴に入れるとさらに効果的に団粒構造の形成をうながします。

なお土壌の団粒化と排水の改善はグリーンだけでなくフェアウェイにおいても重要な要素です。

日本芝のフェアウェイでも完熟堆肥を数年使い続けると排水が改善され、ランナー・地下茎・根が丈夫に成長することが証明されています。バーチカルやレノベーターをかけてから完熟堆肥を使うとさらに効果が上がります。

排水がよくなり根がしっかり育てば芝生の管理が楽になるだけでなく、フェアウェイにカートを乗り入れることもできますので、年配の方や女性のプレーヤーをもっと取り込むことができるでしょう。

第三章のまとめ

▼エアレーションは極めて大切。可能ならば毎月実施すること。（極寒をのぞく）

▼エアレーションは少なくとも二カ月に一回は実施すること。

▼ベントグリーンの夏のエアレーションはとくに大切。

▼エアレーションで発生するコアは捨てずに、マットなどですりこんで、土の部分は再利用する。

▼散水量が少ないと徒長がおさえられ光合成で得た炭水化物（貯蔵養分）は葉・茎・根に蓄えられ、丈夫な芝になる。

▼芝生の床は団粒構造にする。そのためにも完熟堆肥は必要。

▼晩秋施肥はしないほうがよい。

▼地力を高めるような考え方で管理する

第四章

目からウロコ、土づくりを支える完熟堆肥

完熟堆肥とはどのようなものか？

本書ではこれまで、折に触れて「完熟堆肥」という言葉を使ってきました。

では、完熟堆肥とは、どのようなものをいうのでしょうか？

ひとくちに堆肥といいますが、じつは堆肥には定義がありません。したがって「完熟堆肥」の定義も諸説あります。

ちなみに『現代農業用語集』には次のように書かれています。


「完熟堆肥とは、素材の有機物がよく分解・発酵した堆肥のこと。未熟有機物を施用すると、土のなかで急激に増殖する微生物がチッソ分を奪って作物にチッソ飢餓を招いたり、根傷みする物質を出したりすることがある。また、家畜糞中に混じっている雑草の種を広げてしまうなどの可能性があるため、有機物は発酵させて堆肥にして施用する方法が昔から広く行なわれている。

何をもって『完熟堆肥』と呼ぶのか意見がわかれるが、完熟は『完全に分解しつくした』という意味ではなく、土に施しても急激に分解することなく、土壌施用後もゆるやかに分解が続く程度に腐熟させたもの、という解釈が一般的。有機物のなかの『易分解性有機物』は分解したが、分解しにくいものはまだ残っている状態といえる。堆肥の温度が下がり、切り返しをしても温度がさほど上がらず、成分的には、有機物のチッソの大部分が微生物の菌体またはその死骸となり、C／N比が一五～二〇になったものをいう」

文中にもあるように、何をもって「完熟堆肥」と呼ぶのかは意見が分かれていますが、私の会社でつくっている完熟堆肥は次のようなものです。

おもな材料は、木質のチップ、芝カス・野菜くず（植物残渣（ざんさ））、食品工場の汚泥、少量の鶏ふんを用いています。汚泥とは排水を微生物処理したときに発生する微生物の死骸のことで、乾燥すると「菌体肥料」と呼ばれるものです。

それらの材料を混ぜ合わせて発酵させますと、温度が七〇～八〇度に上がります。さらにそれをかき混ぜ空気を入れると（この作業を切り返しといいます）、バクテリア（前述の用語集でいう『微生物』）が増殖します。

温度が上がるのはバクテリアが活発に活動している証拠になります。温度が高いため、当然ながら、雑草の種も病原菌も死滅してしまいます。

さらに詳しく説明します。

完熟堆肥とは、

(1)原材料の原形がわからないくらい発酵・腐熟(ふじゅく)していること
(2)黒土のようになっていること
(3)悪臭がしないこと
(4)熟成期間が数年と長いこと

この四条件を満たしたものを私は完熟堆肥と考えています。

それぞれについて説明しますと——。

(1)原材料の原形が残っていないことについては、堆肥の発酵・腐熟が進むと原材料は原形が崩れてわからない状態になります。

木質やもみ殻のような強い繊維質をもつ植物質の原料は難分解性ですので、変形・変色はしているもののかたちをとどめていて完熟しているかどうか判別しにくい場合がありますが、じつはこれを簡単に判別する方法があります。

バケツに水を張って、そこに堆肥をひとつかみ投入して一晩放置します。完熟していれば翌朝水に浮いているものは全体の一％程度です。

植物繊維が腐熟してできた堆肥は土壌改良効果が高く、バチルス菌などのサッチ分解能力が高いバクテリアも豊富ですので、芝生の管理には非常に有効です。その一方で完熟していないものを使うと害が出やすいのでこの判別方法は覚えておいてください。

動物性の堆肥（家畜ふん堆肥）でも、なかに含まれているもみ殻や稲わらがたくさん水に浮いてくるようであれば完熟とはいえません。ただし家畜ふん堆肥は肥料を兼ねて中熟の状態で使われることが農業（とくに露地栽培）の世界では一般的です。そのため完熟でない家畜ふん堆肥は広く流通しており入手が容易で、なかには発酵・腐熟の途中のものであっても「完熟」とうたって売られています。もちろん「完熟」に定められた基準はないので問題ありませんし、一般の農業用としては十分な品質なのかもしれませんが、芝生の管理で安全に使うことができるのは本章で私が挙げた条件を満たしている「完熟堆肥」だけと考えています。

(2)黒土のようになっていることについては、黒い色は腐植によるものです。

腐植とは土壌微生物の活動により動植物遺体が分解・変質した物質の総称であり、多いほど土壌改良効果が高いといわれています。腐植は土壌の物理性・化学性を改善し、さらにバクテリアのすみかとなります。

つまり土を柔らかくする、保肥力を上げる、バクテリアを増やす、さらには土壌を団粒化させるといった、土づくりの鍵となる物質がこの腐植なのです。

したがって完熟堆肥は土づくりにとって非常に重要な素材といえます。

(3)悪臭について説明しますと、悪臭のするものは完熟堆肥とは呼べません。

ちなみに鶏ふんを発酵させると、半年程度の年月で完熟堆肥に似た状態になりますが、その場合でも水分を含むと、周囲が顔をしかめるほどの強烈なアンモニア臭を発します。

本当の完熟堆肥は悪臭がしません。

むしろ森のなかの香りのようなにおいがします。これは放線菌が出す独特の香りです。

この堆肥を水にぬらしてにおいをかぐというやり方は誰にでも簡単にできる判別法ですので試してみてください。

いやなにおいがしたら未熟堆肥と思ってください。

(4)熟成期間は大切です。

易分解性の有機物は半年もあればほとんど分解されてしまいますが、その時点では完熟とは呼べません。

ここから堆肥は五〇～七〇度の温度を維持してゆっくりと発酵が進んでいきます。これを「熟成期間」と呼んでいます。大切なのはこの熟成期間にも切り返しを続けることです。何年も切り返しを続けるのは非常に手間がかかりますが、この手間を惜しんでは本当の完熟堆肥はつくれないのです。

では、完熟堆肥と、未熟(みじゅく)・中熟(ちゅうじゅく)堆肥の違いは何でしょうか?

ひとことでいうと、「チッソ成分」と「バクテリアの種類と数」です。

発酵・腐熟が進んだ完熟堆肥はチッソ成分が少ないのです。

逆に中熟・未熟堆肥は発酵途上にあるため、チッソ成分が多く残っています。ベント芝に使うときは、その残っているチッソ成分が悪影響を及ぼすことは、もうくりかえすまでもありません。

さらに完熟する過程でバクテリアは種類も量も格段に多くなります。堆肥の発酵の初期段階ではおもに原材料のタンパク質を分解するバクテリアが増えていきます。その後、植物繊維（セルロース）を分解するバクテリアが増えて、バクテリアの種類も数も増えていきます。バクテリアどうしもお互いに食べたり食べられたりしてやがて堆肥のなかでバクテリアの世界ができ上がります。このような状態になった堆肥の品質は安定しています。

当社の完熟堆肥の微生物分析結果を参考のため掲載しておきます。

完熟堆肥は土壌中のバクテリアを増やし、病気の発症をおさえる

では完熟堆肥を使うと、どのような効能が期待できるでしょうか？

第一に土壌中のバクテリアを増やす効能があります。

くりかえしになりますが、完熟堆肥はバクテリアのすみかです。このバクテリアはサッチ層の未分解有機物を分解し、アンモニアを生産します。植物の成長をうながす養分となることはもちろん、バクテリアのエサともなります。

いいかえますと、多くのバクテリアがすむ完熟堆肥を投与することで、土壌内のバクテ

図4▶ 分析報告書資料

2019年8月6日　№1－4

分 析 報 告 書

鹿沼化成工業㈱　御中

分析項目 ＼ サンプル名		有機ゴールド		〔実験方法及び培地〕
微生物性	一般放線菌数	1.7×10^8		エッグアルブミン培地
	バチルス菌数	7.3×10^6		普通寒天培地

＊生菌数は、上記培地による希釈平板法により計数し、乾物1g当りで表示した。

リアも増えて、さらにサッチの分解が進むという好循環が生まれ、土壌が豊かになっていくのです。

第二に、病気の発症をおさえる効能があります。

化成肥料でも植物の生育に必要な養分にはなります。しかし、化成肥料はバクテリアのすみかにはなりません。同時に、化成肥料は土壌を固結させるので、ますますバクテリアはすみにくくなります。このように土着のバクテリアが少ない状態で病原菌（植物寄生性の菌）が侵入すると、植物はひとたまりもなく病気に冒されます。

これに対し、完熟堆肥を与えると、完熟堆肥のなかにすむ何種類ものバクテリアが土壌のバクテリアと混ざり、バクテリア自体が増殖し活発に活動します。それらバクテリアのなかには、病原菌を攻撃する有用バクテリア（拮抗菌）もいるので、これらが病原菌の侵入や増殖を防ぎ、病気の予防に役立つというわけです。

腸内細菌を育てる発酵食品

ご存じでしょうが、人間の体内にも微生物が数多くすんでいます。有名なのは「腸内フローラ」といわれる腸内細菌群です。腸のなかには多種多様の細菌がすみつき、それがお花畑のようだというので「腸内フローラ」という名前がつけられました。この腸内細菌が活発に活動していると、腸内の消化吸収を助けることはもとより、免疫力がアップして病気になりにくい体質をつくるといわれています。その腸内フローラの増殖を助けるのが、ヨーグルトやチーズ、納豆、麹などの発酵食品であることは、いまや常識です。腸内の微生物を増やし、活発に活動する働きを、発酵食品の微生物が助けています。

同じことは植物の根と土壌内バクテリアの関係においてもいえるのです。

当然ながら、完熟堆肥をふだんから使っていれば、病気の兆候がない段階での、殺菌剤使用による予防殺菌をする必要はまったくありません。病気にもなっていないのに抗生物質を飲んだらおなかを壊すだけなのと同じです。

土壌バクテリアの働きについて

豊かな土壌とは、バクテリアが活発に活動している土壌のことを指します。

では、バクテリアはどのような働きをしているのでしょうか。

ここは、ゴルフ場の現場で日々ベント芝の管理に苦労をしているキーパーのみなさんにとって、とても大事な話ですので、できるだけわかりやすく紹介します。

芝生管理の基本は、〝土づくり〟だと、すでに何度も申し上げています。

土づくりでもっとも大事なのが、バクテリアの働きについて知ることです。

さて土壌バクテリアを知るには、彼らがすむ土壌について理解しなければいけません。土壌を考える場合、三つの要素を理解する必要があります。

一つ目は土壌の化学性です。

土壌分析は、この化学性を調べることからスタートします。土壌に含まれている養分、すなわちN（チッソ）、P（リン酸）、K（カリウム）、Fe（鉄）、Mg（マグネシウム）、Ca（カルシウム）などのほか、pH値、電気伝導度（EC）や保肥力を表す塩基置換容量（CEC）などです。オールサンドのグリーンは土混じりのグリーンに比べてCECが三分の一以下と低いため保肥力が低いという欠点があります。

二つ目は物理性。

土の硬さ、粒度分布（団粒構造か、単粒構造か）、保水性、排水性などを調べます。砂は単粒構造ですので、本来、植物の栽培には適さない土壌です。逆に土は透水性が悪いので、改善する必要があります。グリーンの床土はサンドがよいとされてきましたが、芝の栽培面から見ますと、適切ではありません。サンドグリーンの利点は単に水はけがよいだけ。水はけがよいと、土壌内の養分やバクテリアも流出するからです。

三つ目は生物性。

いわゆる豊かな土壌においてバクテリアは多種多様で、数も一グラムあたり数億から数十億個いるといわれています。多種多様のバクテリアが生存しているため、土壌病害の抑止効果が高いほか、有機物の分解能力も高く土壌中の未分解の有機物を分解させて透水性を改善させたり、病原菌が寄生していた残渣を分解したりしますので、さらに病気が広がりにくくなるという好循環が生まれます。

それら分解された有機物とバクテリアの死骸から放出されるチッソ・リン酸・カリなどの肥料成分は植物にゆるやかに吸収されていきます。

この土壌バクテリアの活動をサポートするのが完熟堆肥です。

オールサンドのグリーンはバクテリアがすみつきにくくなりサッチの分解が進みません

ので、定期的に完熟堆肥を使うべきです。

かつては、各ゴルフ場に「目土倉庫」というものがあり、ここでボカシ肥料を自家製造していました。原料は油かすと骨粉に黒土と砂を混ぜたもので、春に使う分は秋から冬にかけてつくり、原料の比率はどうするか、何回くらい切り返しを行なうとよいか、といったことをキーパーたちが話題にしていたことを覚えています。

ただ、当時は未熟なものをつくって失敗した例も多く、そういうときに私の完熟堆肥に目をつけた業者が、ゴルフ場に売り込んでくれたのです。これがゴルフ場業界に私が参入するきっかけとなりました。以来、私の会社では完熟堆肥を製造販売することに全力を注(そそ)いできました。

暖地型芝のコウライ芝・野芝もベント芝と同じように永年作物として不耕起栽培しております。そのため土中にサッチがたまり、嫌気的に分解すると有害なガスが発生するので、ベント芝と同様穴あけの作業は大切です。コウライ芝・野芝も完熟堆肥をサッチ分解のために必要とします。サッチが分解されると透水性と根張りがよくなり、また芝密度が上がるので、前章でも述べたようにフェアウェイにカートの乗り入れができるようになります。

これからのゴルフ場はお金と時間に余裕のある年配の方や女性をターゲットにしていく必要がありますので、カートのフェアウェイ乗り入れは大きなアピールポイントとなります。

土壌にはすばらしい偉大な力があります

土壌には急激な変化に対して緩和する働きがあります。これを「緩衝能力」といいます。とくに完熟堆肥を入れて腐植とバクテリアの多い団粒土壌にしてやると緩衝能力を高めます。

たとえば、酸性雨や一時的な施肥過剰に対して根を直接傷めません。乾燥や長雨に対しても植物がダメージを受けないような状態に水分を保ちます。また病原菌が急激に増殖することも抑制します。

オールサンドのグリーンはこの緩衝能力がほとんどありませんから、外的な障害を受けやすいのです。そのため人間があれこれと手をかけてやらなければなりませんが、一度バランスが崩れた土壌環境は悪循環におちいっているのでそう簡単にはもとに戻りません。

結果として過剰にやりすぎてしまうことが多いのです。

さらに土壌中のバクテリアは、さまざまな有害物質を分解し浄化する働きもあります。このことを土壌の解毒作用といいますが、その能力には当然限界があります。

過剰な農薬や肥料の投与は、微生物相を悪化させ、土壌の緩衝作用や解毒作用の能力に悪影響を与えるので、適切な量の使用が大切になります。

微生物を殺す殺菌剤、殺さずに生かす完熟堆肥

ここで土壌病害について詳しく説明します。

完熟堆肥のバクテリアのなかには、病原菌の活動を抑制する拮抗菌が存在します。

この拮抗菌は病原菌の増殖する速度をおさえたり生育を抑制したりする働きをします。

これを「静菌作用」といいます。

農薬メーカーが販売する殺菌剤は、病原菌を殺して菌密度を少なくしますが、完熟堆肥は拮抗菌による静菌作用によって病原菌の増殖をおさえて、病原菌の密度を発病に至るレベルまで達しないようにする働きをします。

殺菌剤で病原菌を殺す方法も、完熟堆肥を使って周囲のバクテリアを増やす方法も、ど

ちらも病原菌の密度を低くして病気の発症をおさえるのですから、同じ効果が得られて問題ないだろうと思うかもしれませんが、その先に重大な違いが待っています。

殺菌剤は病原菌を殺すだけでなく、他の有用バクテリアにもダメージを与えます。

一般的に病原菌は糸状菌という種類に属しているものが多いことがわかっています。しかし糸状菌のすべてが有害かというとそうではありません。

糸状菌のなかにも植物に寄生しないものや、寄生したとしても害を与えない非病原性の糸状菌というものもたくさん存在しています。

こういった益にも害にもならない、いわば中立ともいえる非病原性のバクテリアであっても、数多く存在することで病原菌が増殖するスペースや病原菌のエサを奪う拮抗作用が働きます。

また土壌中には糸状菌以外にも放線菌という種類の菌も多数存在します。放線菌の仲間たちはより積極的に他の菌を攻撃してエサにしていきます。

ただし放線菌は他の菌を全滅させるようなことはしません。放線菌は土壌中の微生物相を整えるバランサーのような役割をしています。

完熟堆肥にはこのような非病原性の菌や放線菌が豊富に含まれています。病原菌を直接殺すのではなく、周囲のバクテリアを増やして病原菌の活動をおさえこむやり方です。

さらに完熟堆肥によって土壌が団粒化され、また腐植による働きで植物の根が元気に育ちます。それによって植物の自己回復力や抵抗力が高まり病気を治すという効果もありますので、病気からの回復を早めるためにも完熟堆肥は必要なのです。

農薬の殺菌剤は病気の進行を止めますが、植物の回復促進には寄与しません。ラージパッチ（葉腐病（はぐされびょう））という日本芝がよくかかってしまう病気がありますが、これは毎年春と秋に必ず前回と同じ場所で発病します。たとえ春にラージパッチ用の殺菌剤を使って病気を止めても、秋になると同じ場所でまた病気が発生します。

秋に薬をまいてもまた春に病気が出ます。

日本芝なので夏は盛んに生育するため夏はラージパッチの病斑は目立たなくなります。冬は枯れて白っぽくなりますので、これまた目立たなくなります。

しかし目立たないだけで、実際には回復していませんので、季節が来るとそのたびに発病するのです。

ラージパッチは毎年同じ時期に同じ場所に必ず発生するので予防殺菌で対応するケースが多いです。

まず予防殺菌で全体的に一回散布し、その後菌が動き出したらその部分に再度散布。予防散布後に大雨が降ったら念のために再度散布という処理をしているコースもあります。フェアウェイやラフの広大な面積に農薬を散布するのですから、手間もコストもかかります。このようなことを毎年春と秋に行なってもなかなか治りません。

ここまで本書を読んでくださった賢明な読者にはよいアイデアがひらめいているのではないでしょうか。

そうです。

こういうときこそ完熟堆肥を使うのです。

まず春になる前にフェアウェイ・ラフに完熟堆肥を全面散布しておきます。殺菌剤と違ってタイミングを気にする必要はありませんし、雨で流されることもありません。ラージパッチの季節がきて病斑があらわれて広がり出したらその部分だけに殺菌剤を散布します。

そのあと夏に再度完熟堆肥を全面散布します。病気が目立つところは多めに散布します。すると秋には病斑が小さくなっているはずです。また、動き出す病斑の数も減っているはずです。芝が夏の間に自己回復したのです。秋も春と同様、動いている病斑にだけ殺菌剤をまけば十分です。

このような管理を三年ほど続けますと、ラージパッチは大幅に減少し、殺菌剤は必要なくなります。それだけでなく、この三年間に土壌は大幅に改善されています。農薬は使ったらおわりですが、**完熟堆肥は土壌改良の貯金として残っていきます。**マット化が軽減され、排水がよくなり、根張りのしっかりしたターフになります。

また完熟堆肥や土壌内のバクテリアは、有機質をすみかとして増殖と死をくりかえしており、その死骸が分解されるとチッソ成分が放出され、かつ土壌中の有機残渣を分解しますので、その過程でもチッソが生産されます。これらのチッソは時間をかけてゆっくりと植物に吸収されますので、生理障害が出ることもなく、長く効いて植物の生育を助けるので、化成肥料の使用量を減らすことができます。

くりかえしになりますが、土壌中のバクテリアは病原菌の増殖速度や生育をおさえる静菌作用によって病原菌の影響を小さくして病気になりにくくします。また、植物のもつ自己回復力がアップして病気からの回復を促進します。これが土壌バクテリアの最大の働きです。

土壌バクテリアがいかに重要か、ご理解いただけたでしょうか。

病気を発症したら、そのときだけ農薬を使う

芝生が弱っているときは、農薬や肥料で回復させるのではなく、芝自体の「自己回復力」をうながすようにしましょう。それには完熟堆肥がもっとも効果的です。

これまで述べたように、完熟堆肥は土壌内のバクテリアを活性化させる効果があるので、病気の予防にも有効です。

ただし、誤解のないようくりかえしますが、もし芝生に病気の兆候が見えたら、躊躇（ちゅうちょ）せず殺菌剤を投与しましょう。

私は、「殺菌剤は使うな」とはひとことも申し上げていません。使いすぎがよくないといっているのです。

ふだんから殺菌剤を使っていない芝生では、殺菌剤の効果が驚くほど高いことを実感で

きるでしょう。農薬の使いすぎはよくありません。自然界では文字どおり「過ぎたるは及ばざるが如し」なのです。

施肥の見直し

植物生育の基本についても、くりかえし強調します。もう読みあきたとおっしゃるかもしれませんが、大事なことなのでおつきあいください。

植物生育の基本は「光合成」です。

チッソ、リン酸、カリなどの栄養ではありません。

植物生育に必要な栄養は、本来は土壌がもっています。

刈りカスを取り除かなければ、自然に循環して肥料として役に立つのですが、それではプレーに支障をきたしますし、見た目も悪いのでゴルフ場では刈りカスは除去されます。

そのためそれに代わるものを補充してやらなければいけませんが、その補充が完熟堆肥であると、私は考えているのです。

完熟堆肥は土壌内に残留する有機質を分解して肥料成分を放出してくれますので、化学

ません。

肥料・化成肥料は少なくても大丈夫です。

微生物資材である完熟堆肥を施用するときは、施肥するチッソ量だけで計算してはいけ

土壌内バクテリアが分解して発生するチッソ（地力チッソ）も考慮します。

具体的には、ベントグリーンでは完熟堆肥は毎月一平方メートルあたり四〇～六〇グラムを使用し、化成肥料は色出し程度に与えれば十分と考えています。

ティーグラウンドの日本芝では、完熟堆肥を年間一平方メートルあたり二〇〇～三〇〇グラム、化成肥料でチッソを五～八グラム程度（すり切れの状況による）。

フェアウェイの日本芝では完熟堆肥を年に二回一平方メートルあたり五〇～七〇グラム、化成肥料でチッソを三～四グラム程度で十分によい色が出て芽数も確保できます。

さらに完熟堆肥は散布時期を選びませんので、グリーン、フェアウェイとも地面が凍っていない限り二～一一月ごろに散布すればよいでしょう。

第四章のまとめ

▼完熟堆肥には定義はないが、原材料の原形がわからないくらい腐熟していること、悪臭がないこと。

▼完熟をはかる判定法の一つとして、堆肥を一晩水につけてみる。

▼完熟堆肥はチッソ成分が少なく（一%前後）バクテリアが多いこと。とくに放線菌やバチルス菌が多いこと。

▼放線菌は病気をおさえる力がある。バチルス菌はサッチを分解する力がある。

▼完熟堆肥は土着の菌を増やす。

▼完熟堆肥を使ったときには化学肥料・化成肥料の使用量を減らすことができる。

第五章

芝生管理のまとめ

コウライ芝・野芝の管理について

ここまでお読みいただきましてありがとうございます。

長々と私のベント芝の管理法を中心に述べてきましたが、ゴルフ場の芝生管理法は暖地型芝のコウライ芝・野芝についても基本的には同じ考え方が大切です。

ただし暖地型芝は真冬に一度だけ根の入れかわりがあり、温度は高いほど光合成が盛んであるところが寒地型芝であるベント芝とのもっとも大きな違いです。

いずれにしてもコウライ芝・野芝であっても土壌環境はベント芝と同じく大切にしなければいけません。

ゴルフ場ではどんな芝でも連作して不耕起栽培をしているのでサッチなどはたまりやすく、これが分解するときはガスも発生します。また、サッチが多いとキノコの発生が多くなります。

しかもコウライ芝・野芝の発根は春先だけですので、多くのトラブルは春先に集中します。

コウライ芝・野芝の春の施肥は、まず四月までは完熟堆肥を基本として散布します。固形の化成肥料は五月になってから与えます。春先はまだ赤ちゃん根ですので、肥料による濃度障害が起こりやすいので気をつけましょう。

また春先の農薬も同様に根を傷めるおそれがあるので使用は必要最小限にとどめ、希釈倍率は上限いっぱいで設定したほうが安全です。

そのため春の間はできるだけ根を傷めない資材、すなわち完熟堆肥だけを与えて発根を促進させるという考えで管理しましょう。

どうしても早く色を出したい場合には尿素を一〇〇〇倍以上に薄めて葉面散布してください。また病気に対しては殺菌剤だけに頼らないでエアレーションと完熟堆肥の施用でバクテリアを増やすことで対応しましょう。

春先の管理を失敗すると、夏までに回復できないときは、暖地型芝は一年中悪い状態となってしまいます。

一日の最高気温が二〇度を越えてきたら暖地型芝は元気になるので、肥料を与えてもいいのですが、与えすぎは徒長の原因になるので、完熟堆肥を中心に管理するほうが無難です。ほかの作業が忙しくて芝刈りが間に合わない状況で徒長が起こると、軸刈りをしてしまう危険性が高まります。

クオリティーの高い芝生とは

今日ではさまざまなスポーツ競技で芝生が使われており、そういった芝生は「スポーツターフ」と呼ばれます。一般的にスポーツターフに求められるクオリティーは、踏圧(とうあつ)やすり切れに対して丈夫であること、回復が早いことなどが重要視されます。

もちろんゴルフ場の芝生についてもそれらは重要なファクターですが、ゴルフ場のとくにグリーンの場合にはさらにプレーイングクオリティーを強く求められます。ようするにボールの転がりのよさですが、具体的な指標としては、ボールのスピードとグリーン面の硬さを測定するのが一般的です。

スピードを出したい場合、確かに刈り高を低くすればスピードは出ますが、極端な低刈りは芝の生育が盛んな時期以外はおすすめできません。私はベント芝の場合、刈高4ミリで9~10フィート出せる管理法を研究してほしいと思っております。そして可能だと思います。

また転圧をすればグリーンは硬くなりますが、これも限界があります。転圧をすればするほどグリーン面が硬くなるというものではないのでやりすぎてはいけません。転圧はどちらかというとグリーン面を均一にしたいときにやります。

私がボールスピードを速くする方法としてぜひおすすめしたいのは、

・葉を細くアップライト（直立）に育てる

・地表部の毛細根の量を増やす

の二点です。

葉を細く育てるためには、肥料をやりすぎないことが重要です。

ここでも過剰施肥は問題になるのです。

完熟堆肥を与えてチッソをしぼり気味に管理すると、ベント芝が徒長しやすい時期であっても細葉でコシのある芝が育ちます。当然夏場はチッソを与える必要はありません。

二つ目の地表付近の毛細根を増やすとグリーン面が硬くなるというのはあまり認識していない人が多いかもしれませんが、じつは重要なファクターです。

地表付近の根がよく枝分かれしていてさらに毛細根がびっしりと生えているとそれらの根が網の目のようになってグリーン面が硬く仕上がるのです。

旧来、地表面に針を刺してはかるタイプの貫通型硬度計が一般的でしたが、このような硬度計では点の硬さははかれても、根が作りだす面の硬さまでは正確にははかれません。

しかし、最近では重りを落としてへこみを測定するタイプの硬度計が開発されましたので、今後は根量を増やしてグリーンの面を硬く仕上げるということが主流になってくると思われます。

前述のとおり、根の張りをよくするためには完熟堆肥がいちばんです。

本書で述べてきたベント芝での夏越しの管理方法と、プレーイングクオリティーの高いグリーンの作り方は同じであることにお気づきでしょうか。

目的が異なっても、芝生を育成するうえでの本質はぶれません。

だからこそ私は芝生管理の標準化を目指しています。

病気発症のメカニズム

なぜ植物は病気を発症するのでしょうか。

そのメカニズムと対処法を知れば、植物の病気はそれほど怖いものではありません。

ベント芝の病気は一度かかったら治りにくいと考えている人が多いようですが、そのようなことはありません。ベント芝は生育期間が年間約二四〇日ありますが、コウライ芝のそれは約一二〇日ですから、ベント芝はコウライ芝よりも回復期間を十分にとれるのです。

そもそも芝はベント芝もコウライ芝も雑草だったのです。雑草は繁殖力も盛んだし病気にもかかりにくいものなのです。

病気にかかるメカニズムは、以下のとおりです。
・病原菌が異常繁殖すること（主因）
・植物の品種や弱っている状態など植物自身の問題（素因）
・気象条件や土壌の栽培環境が悪いこと（誘因）
以上の三つの要因が重なりあったときに初めて発症するのです。

そしてこの三つの要因のうち一つでも除いてあげれば病気は発症しないといわれています。そのため多くの植物栽培の現場では殺菌剤で病原菌を殺すことばかりを優先して考えてしまいがちです。

ゴルフ場の芝生管理においてもその傾向は強く出ています。

しかし殺菌剤を使っても病原菌を完全にゼロにすることはできません。

病原菌は必ずどこにでもいますので、また何かのきっかけで増殖するおそれがあります。

それならば病原菌が増殖しなければよいわけですので、まずは病原菌が増殖しにくい環

図5▶主因　素因　誘因

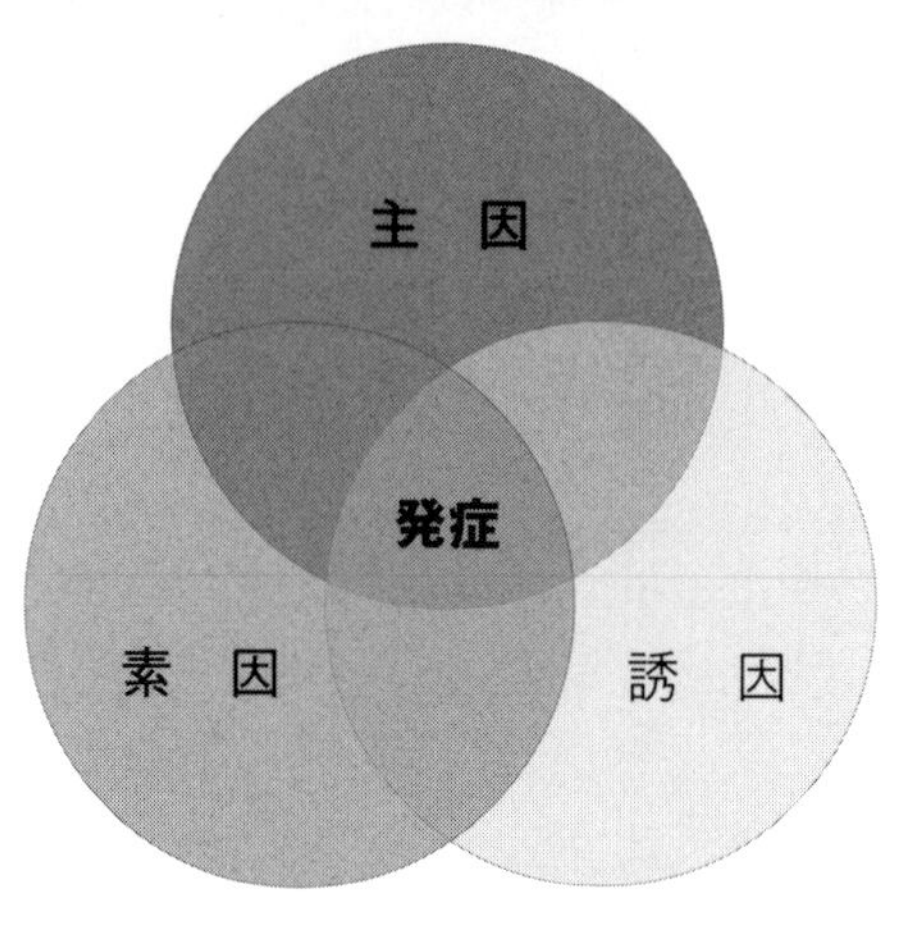

境をつくってやることが「主因」を取り除くための対策の第一歩となります。

　それにはこれまで説明したとおり、完熟堆肥を使って土壌バクテリアを増やし、土壌のもつ拮抗作用・静菌作用を十分に働かせることです。

　次に「素因」に対しての対策ですが、最近では病害に強いベント芝や暑さに強いベント芝なども開発されていますが、結局はベント芝ですので本質は同じです。そのため重要なのは芝生を健全に育てることです。

　つまりは根張りをよくすること、硝酸が蓄積して生理障害を起こすことがないように管理することが大切です。

　これらは本書で何度も述べてきたことです。

三つ目の「誘因」に対する対策ですが、これは天候のせいにしてあきらめてしまっているケースをよく見かけますが、実際にはさまざまな対処法があります。

まず、過散水をなくすこと、肥料を過剰に与えないこと、気休めの殺菌をしないこと、そして土づくりをすることです。

芝がなくなってしまったときの対策

過去に春になっても気温が非常に低い状態が長く続き、フェアウェイのコウライ芝が芽吹かなかったことがありました。また猛暑の夏にベント芝の管理を失敗して芝がなくなったことを経験したキーパーも多いと思います。

結果的に芝を張り替えるという最終手段をとるわけですが、私は芝の特性を考えて、芝の張り替えをしない対策をおすすめします。

ベント芝やコウライ芝は繁殖器官を三つもっています。その三つの器官を有効に活用する方法を説明します。

一つ目はまず地下をはっているライゾーム（地下茎ともいう）を活性化させます。ライゾームは地中にあって保護されていますので簡単には死にません。そこでエアレーションを行ない、空気を入れ、バクテリア資材である完熟堆肥を入れるとライゾームが活性化して地上に出てきます。これを大事に育てるためには乾燥しない程度の散水だけを行ない、他の資材は与えません。

二つ目はランナー（匍匐茎ともいう）です。

ライゾームが地上に出てくるとやがてランナーが発生します。

また生き残った芝からもランナーが出てきて裸地部を埋めてくれます。このとき完熟堆肥と砂を混ぜたもので目土をします。

三つ目は分げつです。

芝の根元から株分けのようなかたちで分げつして裸地部を埋めてくれて、さらに芝密度が高まります。

以上のようにして芝生のもつ繁殖器官を上手に利用すると、芝を張り替えることなく二〜三カ月で回復させることができるのです。

このやり方で回復させるには芝生の種類に応じた特性を確認したうえで行なってください。すなわち栄養成長、生殖成長の時期を見極めて実行することが大切なのです。

すり切れの回復～パシフィックブルーCCでの実績～

口絵2は四月一七日に撮影した大分県にあるパシフィックブルーCCでのティーグラウンドの状況です。芝はなくなりましたが、張り替えずにライゾームやランナーを成長させ、分げつをうながして再生させました。

このとき当社の完熟堆肥「有機ゴールド」を一〇〇g／㎡全面散布しました。その後六月中旬にとくにすり切れのひどいところに五〇〇g／㎡スポット的に散布、七月上旬にもすり切れのひどいところに五〇〇g／㎡スポット的に散布しました。

六月から刈りこみを週二回実施し、なんとか使用できるようになりました。口絵3は同年八月二六日に撮影したものです。

植物体の成長の営みは、化学反応そのものです

植物は自らチッソを吸収してアミノ酸をつくり、それがタンパク質をつくって成長につなげています。

だから、人間が外からアミノ酸を与えてもチッソ肥料になるだけで、植物が体内でつくるアミノ酸そのものの代替にはなりません。

アミノ酸のまま植物に吸収されるという論文もありますが、結局そのアミノ酸は植物の体内で代謝されてチッソになってしまいますので、チッソとして吸収されたのと同じことです。しかも代謝でエネルギーを消耗してしまいますし、代謝しきれないアミノ酸による過剰障害といった弊害もあるとのことです。結局アミノ酸資材を与えるということはバクテリアのエサとして与えたと考えるべきです。

植物が体内でアミノ酸をつくるのに必要なエネルギーは光合成によってできる炭水化物(フルクタン)を消費して得られます。だから光合成の少ない時期、すなわち夏と冬はチッソ肥料を与えてはいけないのです。

冬の休眠期は肥料を与えないとわかっていても、夏の休眠期には「少しくらいは与えたほうがよいのでは」と考えている人がいかに多いことでしょうか。本書を読んだみなさんには、そのあやまちに気づいていただきたいと思っています。

光合成は、水と二酸化炭素と太陽の光が原料ですが、気温が二五度以上の高温期には、ベント芝は光合成能力がおとろえますので、エネルギーを消耗するチッソ肥料を与えてはいけません。

光合成を手助けするのは温度ですので、暑いときは冷やすことが大切です。それには散水するのがもっとも手っ取り早い方法ですが、散水のしすぎは要注意です。

真夏は、グリーンが乾燥しすぎないように朝夕にできるだけ短時間で散水します。また日中も、とても暑いときは一～二分の散水が有効です。その程度の散水でも、気化熱でグリーン表面の温度は確実に下がります。

逆に、散水のしすぎは、硝酸の吸収をうながして、ベント芝をダメにします。この対策としては、硝酸化成抑制材を使って硝酸化成菌を減らし、チッソをアンモニアの形で土壌に保持することでチッソの吸収をゆるやかにするのがいちばん有効です。

いずれにしろ、朝夕の散水は「乾燥を防ぐ」ため、日中の散水は「温度を下げる」ため、ですから、きめ細かい対応が大事です。

以上のことを念頭にベント芝を管理すれば、気温が高い九州地方でもベント芝はみなさんの期待にこたえてクオリティーの高いパッティングを演出してくれることでしょう。

第五章のまとめ

▼春先のコウライ芝、野芝は、肥料による濃度障害が出やすいので、完熟堆肥と薄い濃度で作られた液肥だけの施肥とすること。
▼ベント芝、コウライ芝ともに、完熟堆肥を中心として施肥をすると徒長をおさえて管理がしやすくなる。
▼完熟堆肥は毛細根の発生をうながすのでグリーン面を硬くすることができる。
▼ベント芝の生育期間は年間約二四〇日、コウライ芝のそれは約一二〇日。
▼病気の主因・素因・誘因が重なりあったとき発症するので、どれか一つを取り除くと発症しない。
▼いちばん対策のとれるものは誘因で、土壌環境をよくすること。
▼地上部の芝がなくなっても、地下茎、匍匐茎、分げつのいずれかで再生するので、張り替えはしなくてもよい。

終章

芝生管理の標準化について

冒頭でも書きましたが、私はゴルフ場の芝生の管理に関わるようになってから約四五年になります。三〇年ほど前、芝の研究を進める過程で、グリーンキーパーとのつきあいが増えていくにつれ、私はある種の戸惑いを覚えるようになりました。

当時のキーパーの多くが、何らかの原因でベント芝をダメにしていながら、なぜ芝がダメになったのか、理由を掘り下げて追及しようとしなかったのです。

「今年は気象条件が悪かった」

「あそこ（病気の出ないゴルフ場）と、うちは土壌が違うから」

とあきらめてしまっているようでした。

土壌が悪いなら改良すればいい、気象条件が悪いなら、それに耐える芝を育てればいいことです。

しかしゴルフ場では、管理部門を特別な専門職の職場と見なして、オーナーや支配人は芝の管理に口を出せない雰囲気になっていました。

一方で、キーパーはわからないことがあると業者に相談していました。

近年ベント芝に与えるチッソ量が大幅に減ってきたことからわかるように、現在のキーパーは当時に比べるとはるかに研究熱心になっていることは間違いありませんが、業者のアドバイスのほうは当時からあまり変化していないようです。

もちろん農薬の種類も増えましたし、植物の生育や土壌改良に効果的というふれこみのさまざまな資材が登場しましたが、芝生本来の生態や土づくりといった本質的な部分で効果のある資材はあまり増えていないのが実情です。

効果のあるなしよりも、使いやすい製品というのがキーパーにとって便利であり業者にとっても売りやすくて好都合のようです。

芝生管理というと、どうしても肥料・農薬などの資材が重要視されますが、本当に大切なものは、更新作業（エアレーション）と土づくり作業だと思います。

その次に来るのが、適切な肥料・農薬の選択になります。

第三章・第四章で更新作業と土づくりについて、これらの効果や大切さに関して詳述してきましたが、芝刈りなどの日常の仕事が忙しくなるとついこの大切な作業を手抜きして、省略することが往々にしてあるのです。

肥料・農薬などの資材は、手抜きして使用を控えても芝生がダメになったりすることは実際はありませんが、見た目に芝の色があせたり、伸びが少なくなってくることがあるので、手抜きはいけないと感じるのでしょう。

病気についても、殺菌剤を使わなかったから発症したのだと考えてしまいがちですが、発症のメカニズムは122ページにて詳述したように、病原菌がいるだけでは発症しません。

キーパーたちが病気だと思っている現象でも、半分以上は病気ではないというデータもあります（理研グリーン研究所調べ）。

ところが、更新作業と土づくりの作業は、手抜きしても目に見える変化を示さないので手抜きは容認される傾向にあります。

芝生に元気がないと何かいい資材はないものかと、つい業者に相談するのです。元気がない原因は資材にあるのではなく、多くの場合は過剰害で元気がないのですが、それに気づいていないというのが現実だと思います。このようなときは、エアレーションをしてたっぷりと散水して過剰な養分を流出させることが大切です（27ページ参照）。

どんなにいいといわれる資材であっても、過剰に与えると根に障害が出て、外観上は元気がない芝に映るのです。

したがって芝生に異常を感じたら、農薬や活力剤などの資材を使うのではなく、穴あけをして、過剰な養分を洗い流すという発想をすることをおすすめします。

したがって更新作業はどんなに忙しい時期であっても、凍結していない限り毎月実施することを重要視してください。更新作業は、透水性をよくしたり、バクテリアを元気にしたり、空気（酸素）を入れたりして、土壌を活性化します。

そして植物栽培の基本は土づくりですから、完熟堆肥を毎月少量でもよいですから散布しましょう。完熟堆肥は、前にも書きましたとおり、土壌改良にとても効果的なのです。

さらに、ベント芝は高温になるにつれて、光合成能力が低下してきますので、チッソが硝酸態にならないように硝酸化成抑制材を使って、アンモニア態のまま土壌に存在させるようにします。このことについては、第二章に詳述しております。

管理の標準化というと、キーパーたちは使う資材を統一することだと考えるようですが、そうではありません。

私は、更新作業や土づくりをどのように取り入れて、作業計画を立てるかということが、管理の標準化だと考えております。資材などを統一する必要はありません。

土づくりの資材が完熟堆肥なので、必然的に施肥の領域に入ってきますので、資材を統一することだと勘違いしているのではないでしょうか。
そこで完熟堆肥の持つ力、すなわち特徴をおさらいしましょう。
（1）土壌を改良してくれる資材
（2）土壌の団粒化を促進してくれる資材
（3）土壌の三相構造（固相・液相・気相）を改善してくれる資材
（4）土壌のバクテリアを増やしてくれる資材
（5）土壌中で発酵したり、化学反応や有害ガスを発生しない資材
（6）土壌中のサッチなどの有機物を分解してくれる資材
（7）毎月使用しても害にならない資材、すなわち土壌に蓄積されても安全な資材
（8）保肥する力、すなわちＣＥＣ（塩基置換容量）を高めてくれる資材
（9）透水性を改善し、保水力を高めてくれる資材
（10）ゆっくりとチッソを分解、放出してくれる資材
（11）細根の発生をうながしてくれる資材
（12）多量に使っても害にならない資材
（13）各種の微量要素を多く含んでいる資材

以上のことからわかるように、完熟堆肥は、土づくりにとって非常に大切で、有効な資材です。完熟堆肥には植物の生育に必要な養分は十分に含まれております。
したがって、施肥計画をするに当たっては、完熟堆肥を基本とした計画書をつくることになってくるのです。

完熟堆肥を中心とした施肥計画では、チッソ成分が少ないと感じるかもしれませんが、そういうときには肥料成分のある資材を少量与えることを考えます。葉の色が濃くなるほどチッソを入れるということは、過剰害を受けやすくなっていると考えることが合理的です。葉がやわらかくなって、刈り込むとき、葉が寝てしまうことになりやすいのも、チッソ過剰が考えられます。

そこで芝生管理の標準化を考えるときは、大気の温度を基準に考える必要があります。

ベント芝を中心に考えますので、日本全国を三つの区分帯で考えることができます。

理科年表によると、沖縄は年平均気温が二三度以上ですから、完全なベントグリーンは栽培が困難です。したがって、オーバーシードすることによって、一一月から翌年五月まではベントグリーンを使用し、六月から一〇月まではベースの芝であるコウライ、またはテイフトン芝を使うというやり方を考えます。このとき大切なことは、ベント芝からコウライ芝に移行するときに、スムーズに移行させることですが、穴あけをすることが大切です。穴あけによってコウライ芝が活性化するのです。

九州から関東にかけては、年平均気温が一五度から二〇度ですから一年中ベントグリーンを使用することができます。

北陸・東北・北海道は雪のため、クローズになることと年平均気温は九度から一五度ですから、本来は、フェアウェイもベント化することは可能です（ライグラスは高温に対してベントよりも弱いから、考えの対象外とします）。

以上のことから芝生管理の標準化は、沖縄地方、九州から関東地方、北陸・東北・北海道地方の三つの地帯にわけて、標準化が可能であると考えております。

以上三つの地帯の標準化の施肥計画書が、１４５～１４７ページに記載されたものであります。

たとえば、九州から関東にかけてのゴルフ場の標準施肥計画について考えてみましょう。

気象条件の内、とくに温度を考えたうえでの施肥計画書ですから、更新作業についても、いつでも作業してよいことになります。チッソ量は少なめに管理していますから、葉色は淡い緑色で、葉は細くアップライトになっているはずです。

したがってボールの転がりは、例年よりよい状態になっていると思います。とくに、複数のゴルフ場を経営している会社にとっては、どこのゴルフ場も同じ品質の芝になっているはずです。

毎月の更新作業も、それほど負担を感じないようになっていると思います。施肥・施薬の散布回数は、激減しているはずですから、キーパーの作業負担も軽減されていると思います。

最近では、コース管理の要員も少なくなっておりますので、穴あけは一八ホールをいっせいに作業するのではなく、状態の悪いグリーンから順に、作業するというスタイルで対応すれば、作業者の負担も少なくてすむと思います。このような作業をしたからといって、各ホールのグリーンの状態に、特別な差異は認められないと思います。とくに夏は、葉がやわらかく、刈り込みのときローラーで押されて寝た芝になりやすいですが、そういうときはサッチングリールを使って葉を立てて四ミリ高さで刈り込むと、夏でもボールの転がりは九から一〇フィートくらいになっていると思います。いままでのベントグリーンの管理では、いろいろな資材を使って栄養過多になっていると思いますので、どの資材を捨てて、どの資材を残すかは、各キーパーの判断で決めます。

そして各自のゴルフ場に合った施肥計画書を作成して、芝生管理をすることを提案いたします。何度もいいますが、現在のベントグリーンの管理は、過剰障害の出やすい管理をしていると思いますので、ぜひ、再考してほしいと思っております。個々の肥料などは、適正量使用していても同じ月に複数の肥料を使うと過剰になりやすいので注意しましょう。

終章のまとめ

- ▼芝生管理は標準化できる。
- ▼標準化のためには、沖縄の熱帯地方、九州から関東の温暖地方、山陰・北陸・東北・北海道の降雪量の多い寒冷地方の三区分帯で標準化する。
- ▼完熟堆肥を使って標準化することによって、気象条件に左右されることのない管理ができる。
- ▼芝生の状態がいいか悪いかの判断は、芝生の色で決めてはいけない。
- ▼「水平思考」で芝生管理を見直そう。変化することを恐れてはいけない。
- ▼芝生管理は身体(カラダ)で覚えるのではなく、技術を覚えましょう。

おわりに

最後まで読んでくださいましてありがとうございます。

説明が不十分なところや逆にくどいところがあったと思いますが、ご容赦ください。

私の感覚ではいままでの芝生管理は芝を大切にしたいという気持ちから過剰な資材投与があったのではなかろうかと思います。

変化を恐れずに、過去にこだわった考え方、すなわち垂直思考から、新しい考え方、すなわち水平思考に転換して、芝生管理を見直そうではありませんか。

二〇二〇年六月

武山信良

もっとも強い者が生き残るのではなく、
もっとも賢い者が生き延びるものでもない。
唯一生き残ることができるのは、
変化できるものである。

ダーウィン

付　録

区分帯別施肥計画書

正誤表

145ページの表に誤りがありました。お詫びして訂正いたします。

沖縄の熱帯地方　　施肥計画書（例）

商品名	月／成分	1			2			3			4			5			6			7			8			9			10			11			12			合計
		上	中	下	上	中	下	上	中	下	上	中	下	上	中	下	上	中	下	上	中	下	上	中	下	上	中	下	上	中	下	上	中	下	上	中	下	cc·g/㎡
オーバーシードグリーン	N		1.15			1.15			1.15			1.15			1.15			0.4			0.4			0.4			0.4			0.4			1.15			1.15		10.0
	P		1.9			1.9			1.9			1.9			1.9			0.4			0.4			0.4			0.4			0.4			1.9			1.9		15.3
	K		1.2			1.2			1.2			1.2			1.2			0.2			0.2			0.2			0.2			0.2			1.2			1.2		9.4
硝抑材		0.5			0.5			0.5			0.5			0.5			0.5	0.5		0.5	0.5		0.5	0.5		0.5	0.5		0.5			0.5			0.5			8
液体土壌改良材		2			2			2			2			2			2	2		2	2		2	2		2	2		2			2			2			32
完熟堆肥A	1.5-3-2		50			50			50			50			50																		50			50		350
完熟堆肥B	0.8-0.8-0.4			50			50			50			50			50			50			50			50			50			50			50			50	600
コウライTee（暖地型）	N		0.75			0.75			0.75			0.75			0.75			0.75			0.75			0.75			0.75			0.75			0.75			0.75		9.0
	P		1.5			1.5			1.5			1.5			1.5			1.5			1.5			1.5			1.5			1.5			1.5			1.5		18.0
	K		1.0			1.0			1.0			1.0			1.0			1.0			1.0			1.0			1.0			1.0			1.0			1.0		12.0
完熟堆肥A	1.5-3-2		50			50			50			50			50			50			50			50			50			50			50			50		600
フェアウェイ（暖地型）	N											2.0															2.0											4.0
	P											1.0															1.0											2.0
	K											1.5															1.5											3.0
微生物目土	4-2-3											50															50											100
ラフ（暖地型）	N											2.0															2.0											4.0
	P											1.0															1.0											2.0
	K											1.5															1.5											3.0
微生物目土	4-2-3											50															50											100

（注）
1）ベントのオーバーシードは11月に入ってから。種子007、11月播種量7g/㎡、12月　5g/㎡　2回に分けて播種する。2年目以降は再検討すること。
2）エアレーションは原則ムク刃　6φ　毎月実施。
3）オーバーシードしたベントグリーンの使用は11月～5月まで。ベースのコウライ（ティフトン）の使用は6月～10月まで。
4）乾燥しにくいグリーンになっているから、散水は毎日朝夕2～3分とする。葉がよじれて来たらその時はいつでも散水する。
5）朝露の状態を見てクモの巣の菌糸が見えたら全グリーン殺菌剤を散布する。

沖縄の熱帯地方　施肥計画書（例）

商品名	月／成分	1			2			3			4			5			6			7			8			9			10			11			12			合計
		上	中	下	上	中	下	上	中	下	上	中	下	上	中	下	上	中	下	上	中	下	上	中	下	上	中	下	上	中	下	上	中	下	上	中	下	cc・g/㎡
オーバーシードグリーン	N		0.79			0.79			0.79			0.79			0.79			0.79			0.79			0.79			0.79			0.79			0.79			0.79		9.48
	P		1.9			1.9			1.9			1.9			1.9			1.9			1.9			1.9			1.9			1.9			1.9			1.9		22.8
	K		1.2			1.2			1.2			1.2			1.2			1.2			1.2			1.2			1.2			1.2			1.2			1.2		14.4
硝抑材		0.5			0.5			0.5			0.5			0.5			0.5	0.5		0.5	0.5		0.5	0.5		0.5	0.5		0.5			0.5			0.5			8
液体土壌改良材		2			2			2			2			2			2	2		2	2		2	2		2	2		2			2			2			32
完熟堆肥A	1.5-3-2		50			50			50			50			50			50			50			50			50			50	50		50			50		600
完熟堆肥B	0.8-0.8-0.4			50			50			50			50			50			50			50			50			50			50			50			50	600
コウライTee（暖地型）	N		0.75			0.75			0.75			0.75			0.75			0.75			0.75			0.75			0.75			0.75			0.75			0.75		9.0
	P		1.5			1.5			1.5			1.5			1.5			1.5			1.5			1.5			1.5			1.5			1.5			1.5		18.0
	K		1.0			1.0			1.0			1.0			1.0			1.0			1.0			1.0			1.0			1.0			1.0			1.0		12.0
完熟堆肥A	1.5-3-2		50			50			50			50			50			50			50			50			50			50			50			50		600
フェアウェイ（暖地型）	N											2.0															2.0												4.0
	P											1.0															1.0												2.0
	K											1.5															1.5												3.0
微生物目土	4-2-3											50															50												100
ラフ（暖地型）	N											2.0															2.0												4.0
	P											1.0															1.0												2.0
	K											1.5															1.5												3.0
微生物目土	4-2-3											50															50												100

（注）　1）ベントのオーバーシードは11月に入ってから。種子007、11月播種量7g/㎡、12月　5g/㎡　2回に分けて播種する。2年目以降は再検討すること。
　　　2）エアレーションは原則ムク刃　6φ　毎月実施。
　　　3）オーバーシードしたベントグリーンの使用は11月～5月まで。ベースのコウライ（ティフトン）の使用は6月～10月まで。
　　　4）乾燥しにくいグリーンになっているから、散水は毎日朝夕2～3分とする。葉がよじれて来たらその時はいつでも散水する。
　　　5）朝露の状態を見てクモの巣の菌糸が見えたら全グリーン殺菌剤を散布する。

九州～関東の温暖地方　　施肥計画書（例）

商品名	成分＼月	1			2			3			4			5			6			7			8			9			10			11			12			合計
		上	中	下	上	中	下	上	中	下	上	中	下	上	中	下	上	中	下	上	中	下	上	中	下	上	中	下	上	中	下	上	中	下	上	中	下	cc・g/㎡
ベントグリーン	N					0.4			1.15			1.15			1.15			1.15			0.4			0.4			1.15			1.15			1.15					9.25
	P					0.4			1.9			1.9			1.9			1.9			0.4			0.4			1.9			1.9			1.9					14.5
	K					0.2			1.2			1.2			1.2			1.2			0.2			0.2			1.2			1.2			1.2					9.0
硝抑材														0.5	0.5		0.5	0.5		0.5	0.5		0.5	0.5		0.5	0.5											5
液体土壌改良材									2		2			2	2		2	2		2	2		2	2		2	2		2			2			2			30
完熟堆肥A	1.5-3-2							50			50			50			50											50			50			50				350
完熟堆肥B	0.8-0.8-0.4					50			50			50			50			50			50			50			50			50			50					500
ティーグラウンド（暖地型）	N								0.75			0.75			0.75			0.75			0.75			0.75			0.75			0.75			0.75					6.8
	P								1.5			1.5			1.5			1.5			1.5			1.5			1.5			1.5			1.5					13.5
	K								1.0			1.0			1.0			1.0			1.0			1.0			1.0			1.0			1.0					9.0
完熟堆肥A	1.5-3-2								50		50			50			50			50			50			50			50			50						400
フェアウェイ（暖地型）	N								2.0															2.0														4.0
	P								1.0															1.0														2.0
	K								1.5															1.5														3.0
微生物目土	4-2-3								50																50													100
ラフ（暖地型）	N								2.0															2.0														4.0
	P								1.0															1.0														2.0
	K								1.5															1.5														3.0
微生物目土	4-2-3								50																50													100

（注）　1）ベントグリーンの穴あけは凍っていなければ２月から毎月６φのムク刃であける。温度が15℃以下でなければ11月も穴をあける。
春の穴あけは回復が早いから３月はコア抜きをする。サイズは任意で良い。
2）肥料成分はＧ、Ｔ、ＦＷ、ＲＷ共計画通りで良いが、色をもっと出したいと思うときは、尿素、または硫安単体で500倍濃度で葉面散布する。
3）殺菌剤は病徴を見てからでも大丈夫。

山陰・北陸・東北・北海道の降雪量の多い寒冷地方　施肥計画書（例）

商品名	成分＼月	3上	3中	3下	4上	4中	4下	5上	5中	5下	6上	6中	6下	7上	7中	7下	8上	8中	8下	9上	9中	9下	10上	10中	10下	11上	11中	11下	12上	12中	12下	合計 cc・g/㎡
ベントグリーン	N		0.75			1.15			1.15			1.15			1.15			1.15			1.15			1.15			1.15					9.95
	P		1.5			1.9			1.9			1.9			1.9			1.9			1.9			1.9			1.9					16.7
	K		1.0			1.2			1.2			1.2			1.2			1.2			1.2			1.2			1.2					10.6
硝抑材											0.5			0.5			0.5			0.5			0.5									2.5
液体土壌改良材								3			3			3			3			3			3									18
完熟堆肥A	1.5-3-2			50			50			50			50			50			50			50			50			50				450
完熟堆肥B	0.8-0.8-0.4					50		50			50			50			50			50			50			50						400
洋芝ティーグラウンド	N		0.75			0.75			0.75			0.75			0.75			0.75			0.75			0.75			0.75					6.75
	P		1.5			1.5			1.5			1.5			1.5			1.5			1.5			1.5			1.5					13.5
	K		1.0			1.0			1.0			1.0			1.0			1.0			1.0			1.0			1.0					9.0
硝抑材											0.5			0.5			0.5			0.5												2.0
完熟堆肥A	1.5-3-2			50		50			50			50			50			50			50			50			50					450
洋芝フェアウェイ	N					0.75			2.75			0.75			0.75			0.75			2.75			0.75								9.25
	P					1.5			2.5			1.5			1.5			1.5			2.5			1.5								12.5
	K					1.0			2.5			1.0			1.0			1.0			2.5			1.0								10.0
硝抑材											0.5			0.5			0.5			0.5												2.0
完熟堆肥A	1.5-3-2						50			50			50			50			50			50			50							350
微生物目土	4-2-3								50												50											100
洋芝ラフ	N					0.75			2.75			0.75			0.75			0.75			2.75			0.75								9.25
	P					1.5			2.5			1.5			1.5			1.5			2.5			1.5								12.5
	K					1.0			2.5			1.0			1.0			1.0			2.5			1.0								10.0
完熟堆肥A	1.5-3-2						50			50			50			50			50			50			50							350
微生物目土	4-2-3								50												50											100

（注）
1）グリーンは土壌が凍結、積雪しているときは、肥料はやらない。省略する。
2）グリーンのエアレーションは凍結していない時期は、ムク刃で毎月実施する。コア抜きは春１回くらいでも良い。
3）ＦＷの肥料を追加したいときは液肥で与える。Ｎ単肥でも良い。
4）ラフにもＦＷと同じ頻度で硝抑剤を使用したほうが良い結果が得られる。
5）完熟堆肥Aは、融雪剤の代わりに使用することができる。

〈著者紹介〉

武山信良（たけやま　のぶよし）

〒320-0023　栃木県宇都宮市仲町3-16

鹿沼化成工業株式会社　代表取締役

メール：honsha@kanumakk.co.jp

TEL：028(625)1250

昭和13年	1月8日　台湾生まれ
昭和21年	小学２年生の３月、終戦により引き揚げ、小中学校は奄美大島で過ごす
昭和33年	鹿児島県立鶴丸高等学校卒業
昭和37年	九州大学工学部冶金学科卒業 古河電気工業株式会社入社
昭和51年	古河アルミニウム工業株式会社依願退職 鹿沼化成工業株式会社設立、代表取締役就任

低コストと省力化を実現する　ゴルフ場芝生管理革命

2020年7月27日　初版第1刷

著　者――――武山信良

発行者――――坂本桂一

発行所――――現代書林

〒162-0053　東京都新宿区原町3-61　桂ビル

TEL／代表　03(3205)8384

振替00140-7-42905

http://www.gendaishorin.co.jp/

印刷・製本：(株)シナノパブリッシングプレス

乱丁・落丁本はお取り替えいたします。

定価はカバーに表示してあります。

ISBN978-4-7745-1865-7